Über dieses Buch

Alfred Adler (1870–1937) ist der Schöpfer der Individualpsychologie. Die Bezeichnung ›Individualpsychologie‹ ist irreführend, legt sie doch die Vermutung nahe, daß diese Psychologie im Gegensatz zur Sozialpsychologie steht. Ganz im Gegenteil aber ist die Adlersche Individualpsychologie eine Sozialpsychologie, die den Menschen nicht isoliert, sondern in seinen gesellschaftlichen Beziehungen sieht. Adler hat diese Bezeichnung gewählt, um seine Psychologie abzugrenzen von psychologischen Betrachtungsweisen, die die Person in einzelne Elemente zerlegen: »Sie geht nicht von Gefühlen, Affekten, Trieben aus, sondern vom Menschen als einem organischen Ganzen ... Individualpsychologie versteht alle Lebensäußerungen, jede Geste, jeden Affekt, jede Handlung als Ausdruck der Persönlichkeit eines unteilbaren Ganzen« (Jacoby). Die Persönlichkeit aber entsteht im Spannungsfeld zwischen individuellen, auf die eigene Person bezogenen Bestrebungen und den Forderungen, die sich aus dem gesellschaftlichen Zusammenleben ergeben. Die Ursache für die Konfliktsituation zwischen dem einzelnen und der Gesellschaft liegt nach Adler im frühkindlichen Erlebnis der Hilflosigkeit und Unterlegenheit. Das hilflose Kind erlebt die überstarke Welt als Bedrohung; daraus resultiert ein Minderwertigkeitsgefühl, das ein Leben lang im individuellen Geltungsstreben kompensiert wird. Adler nennt dieses Streben ›Lebensplan‹. Erst die Kenntnis des ›Lebensplans‹ als eines zentralen Steuerungsmechanismus ermöglicht ein psychologisches Verständnis des Menschen und seiner individuellen und sozialen Konflikte.

Dieses Buch ist eine allgemeinverständliche, sich auf das Wesentliche beschränkende Einführung in die Adlersche Individualpsychologie. Es soll die Neuausgabe der Werke Adlers im Fischer Taschenbuch Verlag ergänzen, indem es die Prinzipien der Individualpsychologie unter Benutzung der Literatur Alfred Adlers und gestützt auf die langjährigen Erfahrungen des Autors zusammenfassend darstellt.

Der Autor

Henry Jacoby, geb. 1905, Schüler Alfred Adlers, war als Fürsorger in Gefängnissen und Erziehungsheimen tätig. Er war bis 1933 Geschäftsführer der Deutschen Vereinigung für Jugendgerichte und Jugendgerichtshilfen und arbeitete als Mitarbeiter an der *Internationalen Zeitschrift für Individualpsychologie* und an der Schriftenreihe *Schwererziehbare Kinder*. Er wurde nach 1933 als »Hochverräter« in die Zuchthäuser des Dritten Reiches eingesperrt und emigrierte nach seiner Entlassung. 1946–1968 leitende Tätigkeit bei den Vereinten Nationen. Letzte Veröffentlichungen: »Utopie als Gegenbild«, in: Otto Rühle, *Baupläne für eine neue Gesellschaft*. Reinbek 1971; *Die Bürokratisierung der Welt*. Neuwied 1969; *Beiträge zur Soziologie der Sozialistischen Idee*. Wiesbaden 1973.

Henry Jacoby

Alfred Adlers Individualpsychologie und dialektische Charakterkunde

Fischer
Taschenbuch
Verlag

Originalausgabe

Fischer Taschenbuch Verlag
Juni 1974

Umschlagentwurf: Jan Buchholz/Reni Hinsch

Fischer Taschenbuch Verlag GmbH, Frankfurt am Main

Gesamtherstellung: Hanseatische Druckanstalt GmbH, Hamburg
Printed in Germany
ISBN 3 436 01824 4

Inhalt

Vorwort: Über ›aktives Vergessen‹ 9

Alfred Adler 13

Zur Geschichte der Individualpsychologie 17
a) *Vorgeschichte* 17
b) *Freud und Adler* 21
c) *Adler und Vaihinger* 30
d) *Im Dilemma der Zeit* 32

Prinzip der Totalität 36
a) *Die Kategorie der Ganzheit* 36
b) *Zielgerichtete Einheit der Persönlichkeit* 37
c) *Lebensplan, Leitlinien, Lebensstil* 39

Konzept der Kompensation 41
a) *Organminderwertigkeit* 41
b) *Herausforderung und Antwort* 42

Die dynamischen Begriffe Minderwertigkeitsgefühl und Gemeinschaftsgefühl 46
a) *Das Unzulängliche* 46
b) *Logik des menschlichen Zusammenlebens* 48

Dialektische Charakterkunde 53
a) *Charakter als lebensgeschichtlicher Begriff* 53
b) *Charakterzüge sind Kampfbereitschaften* 54
c) *Charakter-Schablonen* 56
d) *Ausdruck und Deutung* 59

Der nervöse Charakter 62
a) *Nervosität des Alltags* 62
b) *Erotischer Rückzug* 66
c) *Flucht in die Neurose und private Vernunft* 70
d) *Verwahrlosung und Verbrechen* 75

Heilen und Bilden 80
a) *Veranlagung als Ausflucht* 80
b) *Bewußtsein und Mut* 85

c) *Therapie* 90
d) *Erziehung* 93

Mensch und Gesellschaft 100
a) *Der Lebensstil der Epoche* 100
b) *Individualpsychologie und Politik* 105

Nachwort 109
a) *Zur Theorie* 109
b) *Zur Praxis* 111

Bibliographie 114

Namen- und Sachregister 115

Für Ernst Pönisch und Erich Rätzke
in gemeinsamer Erinnerung an
Dr. Alice Rühle-Gerstel

Vorwort: Über ›aktives Vergessen‹

Wäre es möglich, statistisch festzustellen, wie viele Leute das Wort ›Minderwertigkeitsgefühl‹ (oder ›Minderwertigkeitskomplex‹) kennen oder verwenden und wie viele – oder besser wie wenige – andererseits über Alfred Adlers ›Individualpsychologie‹, der jenes Wort entstammt, etwas wissen, so würde sich ein beträchtlicher Kontrast ergeben. Viele, zu deren selbstverständlichem Vokabular das Wort ›Minderwertigkeitsgefühl‹ gehört, wissen nicht, daß der Begriff von Alfred Adler geprägt wurde und einer der Pfeiler ist, auf denen er das Gebäude seiner Individualpsychologie errichtete. Sie nehmen an, daß es schon von jeher zum allgemeinen Sprachgebrauch gehört habe. Diejenigen, die wohl wissen, daß der Begriff des Minderwertigkeitsgefühls aus der modernen Psychologie stammt, kennen deshalb noch nicht immer seine wirkliche Herkunft. Als Sigmund Freud, der Begründer der Psychoanalyse, starb, schrieb die Londoner *Times* vom 25. September 1939 in ihrer Würdigung des Verstorbenen, daß einige seiner Begriffe wie z. B. der des Minderwertigkeitskomplexes bereits in die tägliche Sprache eingegangen wären, und als der schweizer Psychologe C. G. Jung starb, verkündete die *New York Times* vom 7. Juni 1961, er habe den Begriff ›Minderwertigkeitskomplex‹ geprägt. Noch zu Lebzeiten Adlers veröffentlichte der schweizer Psychologe Paul Häberlin ein Buch mit dem Titel *Minderwertigkeitsgefühle* (Zürich 1936), ohne auch nur den Namen Alfred Adler zu erwähnen, obwohl er darin auch von ›Organminderwertigkeit‹, einem anderen von Adler zusammen mit dem der Kompensation und Überkompensation in die Psychologie eingeführten Begriff, spricht.

Manche wiederum nehmen an, bei der Individualpsychologie handle es sich um eine bloße Richtung oder Abspaltung der Psychoanalyse, obwohl sie ein durchaus selbständiges psychologisches System darstellt. Andere glauben, in Verkennung des wahren Sachverhalts, den Unterschied darin zu sehen, daß Adler – wie es in einem Buch heißt[1] – im Gegensatz zur Psychoanalyse nur *einen* Trieb, den ›Machttrieb‹ kennt. Gerade aber mit Bezug auf den Begriff ›Trieb‹ kann der wesentliche Unterschied zwischen Psychoanalyse und Individualpsychologie herausgestellt werden. Die Psychoanalyse in ihrer ursprünglichen, von Freud

[1] Walter I. Schraml, *Einführung in die Tiefenpsychologie*, Stuttgart 1968.

erarbeiteten Gestalt blieb im Bannkreis des naturwissenschaftlich-medizinischen Denkens, das sich in der zweiten Hälfte des 19. Jahrhunderts herausgestellt hatte. Trieb als ein biologischer Begriff spielt in ihr eine entscheidende Rolle. Viele ihrer Begriffe finden ihre Analogie in der Physik oder Chemie.[2] Die Individualpsychologie, die eine systematisierte Menschenkenntnis sein will, gehört vielmehr dem sozialwissenschaftlichen Bereich an. In einer Geschichte der modernen Psychologie wird sie ›das erste psychologische System, das in sozialwissenschaftlicher Richtung entwickelt wurde‹, genannt.[3] Alle anderen Psychologien, schrieb der Berliner Universitätsprofessor Kronfeld, beobachten gewissermaßen das Individuum in seiner Mechanität – eine von der äußeren Naturwissenschaft übernommene Maxime. Hier ist der Punkt, wo sich die Individualpsychologie von der Psychoanalyse unterscheidet.[4]

Als Sozialwissenschaft gilt für die Individualpsychologie die Feststellung Max Webers: Sie ist in der Lage, »*über* die bloße Feststellung von funktionellen Zusammenhängen und Regeln (›Gesetzen‹) *hinaus*, etwas aller ›Naturwissenschaft‹ ... ewig Unzugängliches zu leisten: eben das ›Verstehen‹ des Verhaltens der beteiligten *Einzelnen*, während wir das Verhalten z. B. von Zellen *nicht* ›verstehen‹, sondern nur funktionell erfassen und dann nach *Regeln* seines Ablaufs feststellen können.«[5]
Als verstehende und deutende Menschenkenntnis hat die Individualpsychologie ihre Quellen in der Volksweisheit und den Menschenbildern großer Dichter. Sie hat etwas, ›was man schon immer wußte‹, erst bewußt gemacht. So ist es vielleicht nicht verwunderlich, daß solches Wissen fast unbemerkt in den allgemeinen Besitz zurückfließt.

Jedoch hat nicht nur ›die Allgemeinheit‹ vom individualpsychologischen Gedankengut Besitz ergriffen. Es gibt kaum eine neuere psychologische Theorie, die nicht von Begriffen, Prinzipien und Deutungen der Individualpsychologie Gebrauch gemacht hat. Dies muß insbesondere von Adlers Theorie der Totalität gesagt werden, der zufolge die Persönlichkeit der ordnende Faktor im psychischen Haushalt ist, der den Ausdrucksformen und Handlungen Richtung gibt. Freud trug dieser grundlegenden Auffassung Rechnung, als er den Ichtrieb in die Psychoanalyse einführte. Vor allem aber waren es die sog. Neo-Freudianer[6], die hervor-

[2] Alfred Adler, ›Zur Kritik der Freudschen Sexualtheorie der Nervosität‹, in: Ders., *Praxis und Theorie der Individualpsychologie*. Frankfurt a. M. 1974 (Fischer Taschenbuch Bd. 6236).

[3] Gardner Murphy, *Historical Introduction to Modern Psychology*. New York 1949, S. 341.

[4] Arthur Kronfeld in: *Handbuch der Individualpsychologie*. Leipzig 1926, Reproduktion Amsterdam 1966, S. 3.

[5] Max Weber, *Wirtschaft und Gesellschaft*. Tübingen 1956, S. 7.

[6] Die sogenannten Neo-Freudianer wie Franz Alexander, Erich Fromm,

ragendsten Psychiater Amerikas[7], Sartre[8] und in Deutschland Schultz-Hencke, die sich an dieser Theorie orientiert haben, auch wenn sie Adler nicht nennen.

Der durch Konrad Lorenz' Tierpsychologie neuerlich viel besprochene Aggressionstrieb wurde 1908 von Adler in der Psychoanalytischen Vereinigung zur Debatte gestellt. Freud zeigte sich damals ablehnend, übernahm den Begriff jedoch 22 Jahre später, als Destruktions- und Todestrieb, in die Psychoanalyse.[9] Psychosomatik, Gruppentherapie und antiautoritäre Erziehung finden sich in der individualpsychologischen Theorie und Praxis, wenn auch in diesen Disziplinen selten auf sie Bezug genommen wird.

In mancher Hinsicht hat Alfred Adler solchem ›aktiven Vergessen‹ Vorschub geleistet. Er hat in seinen Schriften, die meist stenographierte Reden sind, seine Einsichten geschildert, aber keine methodischen Darstellungen betrieben.

Vor allem aber haben die äußeren Umstände im Schicksal der individualpsychologischen Theorie eine bedeutende Rolle gespielt. Als 1933 die nationalsozialistische Herrschaft begann, war in Mitteleuropa die Individualpsychologie im Begriff, Schule, Jugendfürsorge, Verbrechens- und Verwahrlosungstherapie sowie das pädagogische Denken im allgemeinen zu beeinflussen. Über das deutsche Sprachgebiet hinaus war sie erst langsam gedrungen, obwohl sie durch Vorträge Adlers in England und Amerika bekannt geworden war. Nun aber wurde sie in Europa zum verfolgten Gedankengut. Dies nicht nur, weil ihr Begründer Jude war, sondern vor allem, weil ihre Prinzipien dem kollektiven Pseudo-Darwinismus (Sozialdarwinismus) der herrschenden Ideo-

Frieda Fromm-Reichmann, Karen Horney wurden von dem orthodoxen Freudianer Fritz Wittels als Neo-Adlerianer bezeichnet. Siehe: *American Journal of Sociology*, 1939, S. 433–445.

[7] Besonders zu nennen wären Harry Stack Sullivan, Abraham Kardiner, Patrick Mullahy. Der von dem englischen Psychiater R. D. Laing in seiner Phänomenologie der Schizophrenie eingeführte Begriff »ontological insecurity« (*The divided self.* London 1969; Deutsch: *Das geteilte Selbst.* Köln 1972.) deckt sich weitgehend mit dem Adlerschen Begriff des Minderwertigkeitsgefühls.

[8] J.-P. Sartre, *L'Être et le Néant.* Paris 1943, mit dem Bekenntnis zu der Theorie der Totalität der Persönlichkeit, die sich in allen ihren Handlungen ausdrückt. Sartres Bekanntschaft mit den Arbeiten Adlers geht weit zurück. Eine Gruppe Studenten, unter denen auch Jean-Paul Sartre war, hatte im Jahre 1925 Adler eingeladen, eine Vorlesung an der Sorbonne zu geben. Sie wurde von Dr. Jankélévitch übersetzt und im selben Jahr in *Scientia* veröffentlicht als ›La Psychologie Individuelle, son importance du point de vue du traitement de la nervosité, de l'éducation et de la conception générale du monde‹.

[9] Alfred Adler, ›Der Aggressionstrieb im Leben und in der Neurose‹, in: *Fortschritte der Medizin* XXVI (1908), S. 577–584. Die hier vertretene Auffassung über die Existenz eines spezifischen in der Natur angelegten Aggressionstriebes wurde bald darauf von Adler fallengelassen, der nun Aggression als ein reaktives Geschehen betrachtete.

logie entgegenstanden. Die These der Individualpsychologie, daß das Unzulängliche das Produktive sei, daß die Schöpfungen des Menschen, ja dessen eigene Existenz, sich aus Positionen biologischer Schwäche ergeben, war für die im Rassenwahn Befangenen unerträglich. Adlers Entlarvung des Machtstrebens als fehlgeleiteter Ausgleich eines Minderwertigkeitsgefühls wandte sich gegen die herrschenden Gestalten. Die pädagogische Zielsetzung der Individualpsychologie: »bewußter Abbruch des Strebens nach Macht«[10] stand in offenem Gegensatz zu jeglichem System der Diktatur.

So verschwanden auf dem europäischen Kontinent die Institutionen und Bücher der Individualpsychologie sowie ihre Theoretiker und Praktiker für viele Jahre, und jene Lücke entstand, in der das aktive Vergessen gedeihen konnte.

Neuerdings findet die ursprüngliche Quelle der individualpsychologischen Theorie – nachdem ihr Inhalt in so viele Kanäle gesickert ist – wieder Aufmerksamkeit. Die Literatur über die Individualpsychologie nimmt zu.

Dieselbe *New York Times*, die vor einem Jahrzehnt C. G. Jung als den Autor des ›Minderwertigkeitsgefühls‹ bezeichnet hatte, brachte am 28. Februar 1971 in ihrer illustrierten Beilage auf der Titelseite ein Bild Alfred Adlers und anschließend einen Aufsatz über ihn, in dem es hieß:

»Adler war der Mann, der uns die Begriffe ›Minderwertigkeitskomplex‹, ›Kompensation‹, ›Überkompensation‹, ›Aggressionstrieb‹ und ›Lebensstil‹ gab. Er war ein Therapeut, der nie psychoanalysiert war und der niemals einer Freudschen Vorlesung beigewohnt hatte. Während sein persönlicher Ruhm verblaßte, verbreiteten sich seine Ideen überall und sind von entscheidender Bedeutung im Denken der meisten Psychotherapeuten.«

In deutscher Sprache sind seit Adlers 100. Geburtstag – er war 1870 in einem Vorort Wiens geboren worden – die Biographien von Manès Sperber und Josef Rattner erschienen. Eine ausführliche Würdigung wurde ihm in Herders Lexikon der Psychologie (1971) zuteil. Eine Darstellung der Arbeiten Alfred Adlers in systematisch gegliederter Form wurde 1972 von Heinz L. und Rowena R. Ansbacher herausgegeben. Weiteste Verbreitung haben vor allem die Neuausgaben der Werke Alfred Adlers gefunden, die im Fischer Taschenbuch Verlag erscheinen. So ist nun wohl das Adlersche Werk im deutschen Sprachkreis aus seiner zeitbedingten Verdrängung, die noch bei der Abfassung des Manuskriptes und seines Vorwortes wirksam war, wieder hervorgetreten.

In den folgenden acht Kapiteln ist unter Benutzung der ursprünglichen Literatur und gestützt auf eigene Kenntnis der Versuch gemacht worden, eine sich auf das Wesentliche beschränkende Darstellung der Prinzipien und der Geschichte der Adlerschen Lehre zu geben.

[10] A. Adler, *Praxis und Theorie der Individualpsychologie*, a. a. O., S. 32.

Alfred Adler

Über Alfred Adler ist wenig geschrieben worden. Er hat keine Memoiren und keine Aufzeichnungen über sich selbst hinterlassen. Kein Briefwechsel ist publiziert worden, und es gibt einen solchen vielleicht auch gar nicht. Alfred Adler war zu sehr ein Mann des praktischen Lebens, um eine Person der Literatur zu werden.

Adler war, wie sein englischer Übersetzer, der Schriftsteller Nigel Dennis schrieb, ein geborener Erzähler, der sich weder die Zeit nahm noch die Mühe gab, zu schreiben, und dessen Schriften vielfach Stenogramme seiner Vorträge sind, die den Übersetzer Stunden der Verzweiflung kosteten.[1]

Der rundliche, quicklebendige Mann mit der etwas nachlässigen Kleidung und dem altmodischen Kneifer auf der Nase war immer bereit zu reden. Er sprach ebenso unbefangen und rasch vor Ärzten wie vor Lehrern, vor einem akademischen Publikum wie vor Arbeitern.

Vor allem aber war Adler der Arzt ›mit dem klinischen Blick‹, der organische Krankheiten vor der eigentlichen Untersuchung erkannte und der aus Bruchstücken einer Lebensgeschichte, aus einer Erinnerung oder aus einem Traum Charaktere erkennen konnte.

Seine Aufmerksamkeit galt den menschlichen Bewegungen. Nigel Dennis schreibt: »Er sagte oft seinen Studenten: ›Wenn wir eine Person verstehen wollen, müssen wir unsere Ohren schließen; wir dürfen nur schauen. Auf diese Weise erkennen wir die ganze Gestalt wie in einer Pantomime.‹ Physiognomie nannte er Bewegung, die zur festen Form geronnen war; einen Patienten sich auf eine Couch legen zu lassen, beruhte für ihn auf einem fürchterlichen Irrtum, da dem Therapeuten nur die ›unwahren‹ Worte des Patienten bleiben.«[2]

Adler hatte in den Beratungsstellen sofort Kontakt mit Kindern. Den Widerspenstigen, mit dem die Mutter nicht fertigwerden konnte, verblüffte er und brachte ihn zum Lachen, indem er ihn beispielsweise mit den Worten empfing: »Du siehst so aus, als ob du deiner Mutter viel hilfst.«

Dem Kind, das vor jedem Schulgang daheim eine kleine Katastrophe verursachte, schlug er vor, über das Bett einen Zettel zu

[1] Nigel Dennis, ›Alfred Adler and the Style of Life‹ in: *Encounter.* (London), August 1970.
[2] Ebd.

heften mit den Worten: »Ich darf nicht vergessen, vor dem Weggehen Schwierigkeiten zu machen«, und mit dem Mädchen, das mit keinem Berater sprechen wollte, kam er sofort in Kontakt, als er sie fragte: »Nun rate mal, wie alt ich bin.«

In Begegnungen mit Adler fehlte selten der Humor, der sich mit seinem gesunden Menschenverstand verband. Diejenigen, die ihn gekannt haben, fanden immer, daß sie ihn am treffendsten durch irgendeine Anekdote charakterisieren konnten. Nigel Dennis erzählt: »Ich war, im Alter von 23 Jahren, sein bezahlter Übersetzer. Auf einer Party sagte jemand zu Adler: ›Mir scheint, Nigel sieht nicht sehr wohl aus.‹ Adler antwortete sofort: ›Er braucht wahrscheinlich einen Scheck‹, und stellte ihn auf der Stelle aus. Ich erinnere mich mit tiefer Rührung der unmittelbaren Besserung meines Gesundheitszustandes, einer lebhaften Zunahme meiner Muskelspannung, des Verschwindens eines Symptoms hysterischer Art und des Wiedererwachens meiner guten Laune.«[3]

Das Wort ›Frustration‹ war damals noch nicht Mode, aber Adler wußte (wie schon die Medizinmänner der Huronen, Irokesen und anderer primitiver Völker[4]), daß es Wunscherfüllungen gibt, die vermindertes Selbstwertgefühl wiederherstellen.

Als die spätere individualpsychologische Autorin Alice Rühle-Gerstel als Studentin zu Adler kam und um eine psychotherapeutische Behandlung bat, weil sie eine chronische Konstipation auf einen Konflikt mit ihrem Freunde zurückführte, antwortete Adler, der wohl erkannt hatte, daß es eher Wißbegierde als Krankheit war, die ihm diese Patientin zuführte: »Junges Fräulein, warum gleich ein so durchschlagendes Mittel, versuchen wir es erst mal mit einem Apfel vor dem Schlafengehen.«

In seinem Buch über Alfred Adler erzählt Manès Sperber:

»Ein Psychoanalytiker, der nach dem ›Abfall‹ Alfred Adlers und seiner Gefährten im Jahre 1911 seine Freundschaft mit dem Ketzer aufrechterhielt, kam zu ihm einmal mit einer schwierigen, nicht vorgesehenen Frage: Er behandelte einen über 30 Jahre alten Amerikaner seit Jahren. Endlich war es soweit, die Bewußtmachung war gelungen, der Mann akzeptierte alle Deutungen, natürlich auch jene, die seine inzestuöse Fixierung an seine Mutter bewies. Aber nun erklärte dieser Patient, daß er in der Tat mit seiner Mutter schlafen wolle. ›Was tun?‹ fragte der Psychoanalytiker. Nach einem besonders langen Zug aus seiner Virginia antwortete Adler gelassen: ›Sagen Sie Ihrem Patienten, daß, wenn er's wirklich möcht', dann soll er auch ganz ruhig ...‹ Der Psycho-

[3] Ebd.

[4] In zahlreichen ethnologischen Berichten wird erzählt, daß Medizinmänner und Schamanen seelische Erkrankungen dadurch heilten, daß alle Mitglieder des Stammes dem Kranken einen Wunsch erfüllen mußten. Die Huronen kannten drei Ursachen für Krankheiten: natürliche Ursachen, Hexerei und unerfüllte Wünsche.

analytiker: ›Um Gottes willen, was geschieht, wenn er es wirklich ausführt?‹ Darauf Adler, wenn möglich noch gemütlicher als sonst: ›Aber gehn S', verrückt ist ja nur er, nicht seine Mutter. Die Dame dürfte überdies recht betagt sein. Welcher Mann von dreißig Jahren, reich und gut aussehend, wird sich ein Liebesverhältnis mit einer alten Frau anfangen, wenn ihm das nicht wie dem Ödipus einen Königsthron einbringt oder einen sonst unerreichbaren Vorteil?‹«[5]

Adlers Humor konnte aber auch eine schneidende Waffe sein. Dr. Alexandra Adler, seine Tochter, berichtet: »Einmal in einer Sitzung einer medizinischen Gesellschaft in England führte der Vorsitzende Adler mit einigen der Individualpsychologie feindlichen Bemerkungen ein. Adler schien amüsiert zu sein, und bevor er das ihm erteilte Wort ergriff, ging er zu dem Vorsitzenden hinüber und klopfte ihm wohlwollend auf die Schulter. Dieser reagierte ebenso verlegen wie die Zuhörerschaft vergnügt.«[6]

Gerne ließ Adler auch den Patienten wissen, daß das Krankheitssymptom, dessentwegen er ihn aufsuchte, nicht der eigentliche Grund seiner Schwierigkeiten war. Eine Freundin der Adlerschen Familie schrieb in ihren Erinnerungen an Adler (in einem Brief an dessen Tochter), daß sie sich noch heute daran erinnert, wie schockiert sie war, als Adler ihr auf ihre Klage über schreckliche Schlaflosigkeit ganz nebenbei bemerkte: Das wird schon werden. Schlaflosigkeit ist nicht gefährlich, schlafen Sie halt nicht, wenn Sie nicht können; aber es wird schon kommen. »Ich habe geglaubt, daß er mein Problem der Schlaflosigkeit zu sehr vereinfachte, aber eines Tages habe ich festgestellt, daß ich keine Schlaftabletten mehr nahm. Ich habe sogar aufgehört, Schafe auf der grünen Weide meiner Einbildungskraft zu zählen ... Eines Tages aber sagte er plötzlich zu mir: ›Sie waren das älteste Kind in Ihrer Familie, nicht wahr? Und nach Ihnen kam ein Junge.‹ Es war so. Aber wie im Himmel konnte er es erfahren haben? Von wem? Während ich mir diese Fragen vorlegte, schaute er mich amüsiert an, das Kinn in der Handfläche und den Ellbogen auf den Tisch gestützt: ›Das würde Ihr Bestreben, das Weibliche zu verstecken, erklären. Sie sind dennoch sehr weiblich. Der Junge muß bald nach Ihnen gekommen sein, und da Ihre Eltern, wie alle unvernünftigen Eltern, einen Jungen wollten, erschraken Sie vor der Konkurrenz und wollten den Jungen übertreffen. Habe ich recht?‹ Er hatte recht, und wie! Ich erzählte ihm, wie ich als Kind darauf bestanden hatte, mit meinem Bruder Fußball zu spielen, und daß sich mein Bruder schämte, weil ich wie ein Junge angezogen war ...«[7]

[5] Manès Sperber, *Alfred Adler oder Das Elend der Psychologie*. Frankfurt a. M. 1971 (Fischer Taschenbuch Bd. 6139), S. 61.

[6] *American Journal of Psychiatry* 127, 6, Dezember 1970.

[7] *Individual Psychology News Letter*, London, März/April und Mai/Juni 1972.

Es war nicht das Symptom, es waren Leitlinie und Lebensstil, worauf Adler seine Aufmerksamkeit richtete.

Über ein halbes Jahrhundert lebte Adler in Wien. Dort war er geboren (7. 2. 1870), aufgewachsen, zur Schule gegangen, dort hatte er studiert (seit 1888), praktiziert (seit 1900), geheiratet (1897) und dort waren seine beiden Töchter und sein Sohn geboren worden. In Wien vollzog sich seine praktische pädagogische und kulturpolitische Tätigkeit:

die Gründung von Beratungsstellen, Seminaren für Lehrer, Kindergärten, einer Schule, dort sprach er in unzähligen Kursen zu allen Schichten der Bevölkerung und verbrachte lange Diskussionsabende in Kaffeehäusern.

Eine akademische Karriere in Wien war Adler allerdings versagt geblieben. Als er sich 1912 um eine Privat-Dozentur bewarb, mußte er bis 1915 auf eine Antwort warten, die dann negativ war. Der berühmte Psychiater Wagner-Jauregg, dem das entscheidende Gutachten oblag, fand Adlers Arbeiten geistreich, aber nicht wissenschaftlich genug; er kritisierte die rein psychogene Erklärung der Neurosen durch Adler und empfahl die Ablehnung. Adler begnügte sich mit der Professur am pädagogischen Institut, die die Republik ihm gab. Anläßlich seines 60. Geburtstages im Jahre 1930 machte die Stadt Wien ihn zu ihrem Ehrenbürger, wobei dem Bürgermeister nichts Besseres einfiel, als ihn als den »berühmten Schüler Freuds« zu begrüßen. Seit 1926 unternahm Adler häufig Vortragsreisen in die USA, wo die Individualpsychologie schnell an Boden gewann. Am Long Island Medical College erhielt er 1932 schließlich eine Gastprofessur. Als dann Deutschland in Hitlers Hände fiel, übersiedelte er mit seiner Familie nach den USA. Dort machten seine Tochter Alexandra und sein Sohn Kurt sich einen Namen als Psychiater; beide führen das Werk des Vaters fort.

Von nun an war Adler rastlos unterwegs, um der individualpsychologischen Lehre Verbreitung außerhalb des deutschen Sprachbereiches zu verschaffen. Im Frühjahr 1937 erreichte ihn die Nachricht, daß seine älteste Tochter, Valentine, die ihm sehr nahegestanden hatte, in der Sowjetunion, wohin sie mit ihrem Mann emigriert war, den Stalinschen ›Säuberungen‹ zum Opfer gefallen und in den Gefängnissen verschwunden war.[8] Adler erlitt bald darauf in Holland einen Herzanfall, ließ sich aber nicht davon abhalten, einer Vortragsverpflichtung in Schottland nachzukommen. Am 28. Mai 1937 starb er in Aberdeen auf der Straße. Der Mann, der das Machtstreben demaskiert und sich seinen Abbau zum Lebensziel gemacht hatte, endete in der Fremde als Opfer der beiden damaligen Repräsentanten des größten Machtwahns.

[8] Valentine Adler starb in der russischen Gefangenschaft. Über ihren Leidensweg siehe Susanne Leonhard, *Gestohlenes Leben*. Frankfurt/Main 1956.

Zur Geschichte der Individualpsychologie

a) *Vorgeschichte*

Die Neuorientierung der Psychologie, die um 1900 herum eingesetzt hat, ist aus der Psychiatrie hervorgegangen. Zuvor befaßte sich die Psychologie mit dem normalen Seelenleben, während die Psychiatrie sich den Geisteskrankheiten widmete. Ein grundlegender Wandel zeichnete sich erst ab, als einige Psychiater in neuer Weise – mehr auf allgemeine Menschenkenntnis als auf die naturwissenschaftliche Medizin gestützt – sich mit Patienten zu befassen begannen, die, wenn auch nicht als seelisch gesund, doch keineswegs als geisteskrank anzusehen waren, die vielleicht mehr an sogenannten nervösen Störungen litten.

Das Neue, das sich am aufsehenerregendsten in Freuds Psychoanalyse manifestierte, bestand vor allem darin, daß die Frage nach der Bedeutung individual-historischer, biographischer Vorgänge, von denen das Individuum nichts mehr weiß, aufgeworfen und eine Technik des Wieder-Erinnerns entwickelt wurde. Dabei zeigte sich, daß dem Menschen wesentliche Vorgänge in der Bildung seiner Persönlichkeit verborgen bleiben, aber mit bestimmten Methoden ans Tageslicht gebracht und ihm selbst bewußt gemacht werden können. Mit Hilfe der Bloßlegung der individual-historischen Vorgänge und der wahren Intentionen, die unter der Bewußtseinsschwelle geblieben waren, konnte das Individuum von gewissen nervösen Leiden befreit werden. Diese Leiden erwiesen sich als naturwissenschaftlich nicht begründbar und wurden zunächst als psychische Phänomene beschrieben. Damit aber war der Weg für eine wissenschaftliche Einsichtnahme in psychische Vorgänge überhaupt geöffnet worden.

In zwei epochemachenden Büchern wies Freud nach, daß Äußerungen des Menschen, die nicht aus seinem Bewußtsein stammen – Träume, Vergeßlichkeiten und Fehlhandlungen[1] –, unbewußten Wünschen und Absichten dienen und daß ihre Deutung zur Menschenkenntnis beitragen kann.

Die Voraussetzungen der von Freud entwickelten Auffassungen liegen im 19. Jahrhundert. Der Bann der in der Psychologie noch herrschenden materialistischen Naturauffassung, die nur die wissenschaftliche Beschäftigung mit Gehirnanatomie und -physio-

[1] Sigmund Freud, *Die Traumdeutung*. Leipzig und Wien 1900. Gesammelte Werke (im folgenden GW abgekürzt) Frankfurt a. M. 1960 ff, Bd. II/III.
Ders., *Zur Psychopathologie des Alltagslebens*. Wien 1900. GW, Bd. IV. (Fischer Taschenbuch Bd. 6079).

logie gelten ließ, war bereits durch die französischen Psychiater Jean-Martin Charcot (1825–1893) und Hippolyte Bernheim (1840 bis 1919) gebrochen worden. Charcot hatte durch Hypnose Krankheitssymptome an seinen hysterischen weiblichen Patienten hervorrufen können und erbrachte dadurch den Nachweis, daß hysterische Symptome psychische Ursachen haben. Bernheim und seinen Mitarbeitern gelang es, ihren Patienten das in der Hypnose Vorgegangene ohne erneute hypnotische Einwirkung nachträglich bewußtzumachen. Sie hatten damit gezeigt, daß es grundsätzlich möglich ist, im Unterbewußtsein des Menschen verankerte Vorstellungen auch ohne Hypnose an die Oberfläche zu bringen.

Der eigentliche Übergang von einer nur psychiatrischen Betrachtungsweise zu einer psychologischen Theorie erfolgte bald darauf durch Pierre Janet (1859–1947). Dieser entwickelte eine Behandlungsmethode der Neurosen, die er ›Psychologische Analyse‹ nannte. Er zielte darauf ab, im Unterbewußtsein fixierte Ideen zu zerstören, wozu, wie er meinte, es nicht genüge, sie bewußtzumachen. Diese Ideen müßten vielmehr durch eine synthetische Behandlung, d. h. einen Umerziehungsprozeß, transformiert werden.

Janets Veröffentlichungen gingen denen Freuds um einige Jahre voraus und enthielten außer dem Begriff ›Analyse‹ verschiedene andere später von Freud verwendete Gedanken. Janet hat auch einen zentralen Begriff der Individualpsychologie im Ansatz entwickelt, wenn er nämlich auf die Bedeutung des ›*sentiment d'incomplétude*‹ (Unvollkommenheitsgefühl) hinweist, und zwar mit Bezug auf häufige Klagen seiner Patienten über unbefriedigende Züge ihres Charakters. Es war vielleicht auch nicht verwunderlich, daß dem Minderwertigkeitsgefühl zuerst in Frankreich wissenschaftliche Aufmerksamkeit geschenkt wurde. War doch das Wort (*sentiment d'infériorité*) bereits von Stendhal benutzt worden und die Lebensgeschichte Julien Sorels in Stendhals Roman *Le Rouge et le Noir* die großartigste Darstellung eines zwischen Minderwertigkeitsgefühl und Ehrgeiz hin und her gerissenen Daseins.

Die Ideen und Begriffe der Psychologie des 20. Jahrhunderts sind in der Tat nicht urplötzlich in einigen genialen Köpfen aufgetaucht. Die hypnotischen und suggestiven Methoden der Psychiatrie des 19. Jahrhunderts, die sozusagen den Durchbruch zur Psychologie der Bewußtmachung des Unbewußten herbeiführten, hatten ihre unmittelbaren Vorläufer in Franz Anton Mesmer (1734–1815) und anderen Heilbehandlern, die bereits um 1800 Behandlungen und Heilungen mit einer suggestiven Methode, die sie ›tierischen Magnetismus‹ nannten, vornahmen. Die materialistische Naturwissenschaft der zweiten Hälfte des 19. Jahrhunderts hatte diese Vorläufer in Vergessenheit gebracht und ihre Nachfolger zu einer Art psychologischen Unterwelt abgestempelt, in der sich Spiritisten und Schausteller tummelten.

Überhaupt waren ja Einsichten in die unbewußten seelischen

Vorgänge – lange bevor sie durch die Wissenschaft formuliert und theoretisch erfaßt wurden – der Menschheit nicht fremd. Finden wir sie doch schon bei den Medizinmännern und Schamanen primitiver Völker, artikuliert in Mythen, Sagen und Dichtungen. Vor allem aber zwei geistige Strömungen haben großen Einfluß auf die Entwicklung der wissenschaftlichen Menschenkenntnis unserer Tage genommen: die Romantik und die Ideologielehre, d. h. die Entlarvung der Ideologie als Rationalisierungsmethode durch die Philosophie des 19. Jahrhunderts. Die Romantiker entwickelten eine tiefe Einsicht in die unbewußten Vorgänge des Seelenlebens. Sie interessierten sich bereits in starkem Maße für das Unbewußte, die Kindheit, die Träume und für das seelisch Abnorme. Sie entwickelten die Idee, daß der Ursprung der Kunst in Krankheit, körperlicher Unzulänglichkeit und nervöser Feinfühligkeit liege und daß sich in der Tiefe der Seele unerforschte Regionen befänden. Was später ›Tiefen‹psychologie heißen sollte, nannten sie die ›Nachtseite‹ des Lebens.

Einer der Ärzte unter den Romantikern, C. G. Carus, nannte das Unbewußte das Stetige, dasjenige, worin rastlose Tätigkeit herrscht, das Bewußte aber das Nicht-Stetige, welches in den Zustand des Unbewußten zurückkehren kann.[2] Der Dichter Novalis notierte, daß der Traum eine tiefere Bedeutung besitze und prophetisch sei, weil er auf Assoziationsordnungen beruhe und deswegen für den Psychologen höchst wichtig sei; Freud vorwegnehmend schrieb er: »Es ist sonderbar, daß nicht längst die Assoziation von Wollust, Religion und Grausamkeit die Leute aufmerksam auf ihre innige Verwandtschaft und ihre gemeinschaftliche Tendenz gemacht hat.« Seine Notiz unter dem Stichwort ›Medizin‹: »Teleologie. Alles, was wegzuwünschen ist, ist nur falsche Meinung – Irrtum«, könnte von Adler stammen.[3]

Vor allem aber war das 19. Jahrhundert die Epoche der Entlarvung der Ideologie. Hatte Hegel festgestellt: »Das wahre sein des Menschen ist vielmehr *seine Tat*, in ihr ist die Individualität *wirklich* ...«[4], so verwies Marx darauf, daß das, was die Menschen einer Zeit von sich denken (Ideologie), nur der gedanklichen Rechtfertigung und Verteidigung ihrer materiellen Interessen diene. Schopenhauer nannte alles Bewußte ›nachgebessert‹ und ›Trug‹, »weil das viele Schlechte und Bestialische unserer Natur der Verhüllung bedarf«.[5] Er sah den Menschen als Lügner hinter einer

[2] Carl Gustav Carus, *Psyche. Zur Entwicklungsgeschichte der Seele*. Pforzheim 1846.

[3] Novalis (Friedrich von Hardenberg), *Fragmente*. Frankfurt a. M. 1956 (Fischer Bücherei Bd. 121), S. 177, 185.

[4] Georg Wilhelm Friedrich Hegel, *Phänomenologie des Geistes*. Hrsg. v. Johannes Hoffmeister. Leipzig 1949, S. 236.

[5] *Arthur Schopenhauers handschriftlicher Nachlaß*. Hg. v. Eduard Griesebach. Zweiter Abdruck, Leipzig o. J. Band V, S. 487.

Maske, allemal mit der Absicht, »die Herrschaft seines Willens auszudehnen über fremde Individuen«.[6] Nietzsche schließlich wirkte als der große Entlarver dessen, was der Mensch hinter dieser Maske verbirgt.

Als sich 1908 der Kreis von Psychotherapeuten um Freud mit Nietzsche auseinandersetzte,[7] stellte Paul Federn fest, daß Nietzsche intuitiv eine Anzahl der Freudschen Befunde, wie die Verdrängung und die Flucht in die Krankheit sowie die Bedeutung der Triebe, entdeckt hatte. Adler seinerseits unterstrich, daß von allen großen Philosophen Nietzsche dem psychoanalytischen Denken am nächsten stünde und wies auf die Linie hin, die von Schopenhauer über Marx zu Freud führe.

Gewiß, Freud erklärte damals, daß *er* Nietzsche nicht kenne, machte aber die wichtige Feststellung, daß der Ursprung neuer Ideen oft sonderbar sei. So sei die Rückführung der Neurose auf sexuelle Ursachen in seiner Gegenwart von drei großen Ärzten, von Breuer, Charcot und Chobrak, erwähnt worden, doch sei ihm dies erst später wieder eingefallen, als es galt, diese seine Idee gegen Angriffe zu verteidigen. Tatsächlich wurde zu der Zeit, da Freud seine Theorie entwickelte, die Bedeutung der Sexualität auch von anderen Forschern erkannt und untersucht. Krafft-Ebing erregte mit seiner *Psychopatia Sexualis* (1886) großes Aufsehen, Magnus Hirschfeld veröffentlichte sein erstes *Jahrbuch für sexuelle Zwischenstufen unter besonderer Berücksichtigung der Homosexualität* (1899) usw. Auch die schöne Literatur spiegelte das Interesse an erotischen Problemen vielfach wider. Schriftsteller wie Schnitzler, Sacher-Masoch, Wedekind, Maupassant beschäftigten sich mit Problemen, die auch Gegenstand von Freuds psychologischem Interesse waren.

In vielfacher Form tauchte der Gedanke auf, daß es im Menschen etwas Verborgenes und Verdrängtes gebe, das ans Tageslicht gebracht werden müsse. Daß der viktorianischen Prüderie eine starke Betonung der Erotik folgte, mag ebenso wie die Tatsache, daß Freud nach einer puritanischen und asketischen Jugend der Sexualität eine hervorragende Rolle in der seelischen Entwicklung einräumte, als ein kompensatorischer Vorgang begriffen werden.

Die psychoanalytische Schule formierte sich nach dem Erscheinen von Freuds *Traumdeutung*. Dieses brachte Adler, aber auch Stekel und Ferenczi, die ebenfalls später ihre eigenen Wege gingen, zu Freud.[8]

[6] Ebd., Bd. IV, S. 162.

[7] *Minutes of the Vienna Psychoanalytic Society*. I: 1906–1908. New York 1962, S. 355–361.

[8] Freuds Buch *Die Traumdeutung* erregte starkes Interesse, obwohl Freud in diesem wie in anderen Fällen die Widerstände übertreibend, die er zu überwinden hatte, behauptete, es sei totgeschwiegen worden.

Die Zeit war offenbar gekommen, in der die Deutung psychischer Prozesse und Ausdrucksformen Verständnis finden konnte. Für die Psychologie gilt wohl auch, was Alexis de Tocqueville von ethischen und politischen Systemen sagte: Es sei erstaunlich, wie viele von ihnen erfolgreich gefunden, wiedergefunden und wieder vergessen würden, bloß um später frisch in Erscheinung zu treten, die Welt bezaubernd und überraschend, als ob sie ganz neu wären.[9] Versuche, Träume psychologisch zu deuten, hatte es schon lange vor Freud gegeben. Karl Albrecht Scherner, Dozent der Philosophie in Breslau, hatte 1861 sein Buch *Das Leben des Traums* veröffentlicht, in dem er ähnlich wie später Freud auf die sexuell deutbaren Traumsymbole hinwies.[10]

Dies Buch war praktisch unbemerkt und einflußlos geblieben. Erst Freud wies in seiner *Traumdeutung* wiederholt auf Scherner und seine Bedeutung für die Traumforschung hin. Freud verband in der Therapie seine Traumdeutung mit den freien Assoziationen des Patienten. Es war somit die unmittelbare Nutzbarmachung der ›Deutung‹, die ihren Erfolg hervorrief.

b) *Freud und Adler*

Die Männer, die sich um Freud scharten (und den Kern der psychoanalytischen Gesellschaft bildeten, deren erster Präsident

[9] Alexis de Tocqueville, *Séances et Travaux de l'Académie des Sciences Morales et Politiques* (März–April 1852), Paris 1852, S. 301–314.

[10] Karl Albert Scherner, *Das Leben des Traums.* Berlin 1861. Es seien einige Stellen des schwer zugänglichen Buches angeführt:

»Die Triebe des Leibes vergewaltigen sich, *sie* sind nun der Herrscher, was kümmert sie Anstand und Sittengesetz, wenn sie befreit sind! Frank und frei, wie die Natur des Leibes sie erzeugte, drängen sie aus sich heraus zur Entladung hervor und heißen die Einbildungskraft, ihnen Schaaren von Bildern zu stellen zum Ausdruck der Bedrängnis oder brennender Lust ...« (S. 6)

»Die Geschlechtsregung symbolisiert sich in Form von Nachbildungen des erregten Organs selbst oder in Bildern und Phantasieaktionen, welche das erregte Verlangen nach Geschlechtsbefriedigung ausdrücken. Auch hier herrscht aber das verhüllte Schaffen ... z. B. man findet auf der Straße des Ortes, wo man gerade geht, den oberen Teil einer Klarinette, daneben den gleichen Teil einer Tabakspfeife, daneben wieder einen Pelz (die oberen Teile von Klarinette und Tabakspfeife stellen unverkennbar die annähernde Form des vordringenden männlichen Gliedmaßes dar ... Endlich steht der wollige Pelz für das Schamhaar ...« (S. 197)

Auf Seite 203 wird der Traum einer Dame analysiert, die träumt, daß sie über einen Hof geht, um einem Herrn einen Brief zu bringen. Hierzu sagt Scherner: »... der Brief bedeutet weibliches Geheimnis, der Hof das Symbol der Schrittenge, welche die zusammenschließenden Schenkel des Leibes bilden. Durch den Hof zieht sich im Traum ein enger Pfad, der die Schamspalte des Weibes bedeutet. Zur Seite des Pfades gab es im Traum ein Gebüsch, das die Haare bedeutet.«

Adler wurde), waren von ihm angeregt, kamen aber wohl kaum als ›Schüler‹ zu ihm, sondern eher als Mitarbeiter. Dies traf jedenfalls auf Adler zu, wenngleich er (1870 geboren) 14 Jahre jünger war als Freud.

Es ist nicht schwer zu verstehen – insbesondere wenn man die individualpsychologische Methode heranzieht –, daß die beiden Männer in Gegensatz zueinander gerieten. Freud, ein ältester Sohn, hielt auf Ordnung, war gesellschaftlich und in seiner ganzen Haltung konservativ, legte Wert auf vornehmen Lebensstil, wirkte bewußt aristokratisch. Er organisierte seine Schule nach strengen Regeln. Adler, ein Zweitgeborener, aufgewachsen im Konflikt mit dem älteren Bruder und gewohnt, sich mit diesem zu messen, hatte in Freud einen neuen Gegenspieler gefunden. Auf Äußeres und Repräsentation legte er keinen besonderen Wert. Er diskutierte in zwangloser Form, wenn es sein mußte auch in Kaffeehäusern, deren gesellige Atmosphäre er liebte. Mit Behagen erzählte er von seiner Gassenbubenzeit. »Er reagierte unwillig, wenn er in der Öffentlichkeit einen guten Eindruck machen sollte, insbesondere, wenn es sich dabei um einflußreiche Leute handelte.«[11]

Die unterschiedliche Haltung und der gegensätzliche Lebensstil der beiden Männer können wohl den Bruch zwischen ihnen erklären, nicht aber die andersartige Deutung, die sie den seelischen Vorgängen gaben. Hier könnte Adlers Auffassung, daß jede Psychologie in enger Beziehung zur Lebensanschauung ihres Begründers steht, einen Hinweis geben. In seiner Studentenzeit hatte sich Adler mit dem Marxismus und Sozialismus auseinandergesetzt. 1897 heiratete er die russische Sozialistin Raissa Epstein. Im folgenden Jahr erschien von ihm das *Gesundheitsbuch für das Schneidergewerbe*[12]. In diesem Buch ging es ihm darum, »den Zusammenhang von ökonomischer Lage und Krankheiten des Gewerbes zu schildern ...« Denn: »Einer solchen Betrachtung, welche den Menschen nicht als Einzel-, sondern als Gesellschaftsprodukt untersucht, kann sich der Arzt nicht mehr verschließen.« Er kritisierte die zeitgenössische Medizin, die das Vorhandensein sozial verursachter Krankheiten ignorierte; er forderte statt dessen arbeitsmedizinische Untersuchungen und eine sozialere Gesetzgebung.

Dokumentierte dieses Buch das Bemühen Adlers, Krankheiten und soziale Gegebenheiten im Zusammenhang zu sehen, so trat er bereits 1904 mit seinen eigenen pädagogisch-psychologischen Auffassungen in einem Artikel ›Der Arzt als Erzieher‹ hervor. Dieser erschien in der *Ärztlichen Standeszeitung* in Wien, für die Adler seit 1901 eine Reihe von Aufsätzen über sozialmedizinische Fragen geschrieben hatte. An diesem Aufsatz lassen sich die ersten Ansätze seiner späteren Theorie der Organminderwertigkeit er-

[11] Nigel Dennis, ›Alfred Adler and the Style of Life‹, a. a. O.
[12] Alfred Adler, *Gesundheitsbuch für das Schneidergewerbe*. Berlin 1898.

kennen. »Schwächliche Kinder«, schrieb er, »verlieren leicht das Vertrauen in die eigene Kraft, sie brauchen Hilfe, aber Überschwänglichkeit ist gefährlich. Mutige Kinder werden auch später ihr Schicksal nicht von außen erwarten.«

Adler war also von vornherein darauf aus, psychologische Einsichten pädagogisch nutzbar zu machen, während Freud diese noch auf das Pathologische beschränkte. Später noch warf Freud Adler vor, daß er den Charakter und das Verhalten der Menschen in derselben Weise erklären wolle wie ihre neurotischen Züge. Über die Entwicklung Adlers und seiner Weggefährten bemerkte er: »Ein Bruchteil der Wiener Analytiker scheint auf dem Rückweg von der Psychoanalyse bei einer Art von ärztlicher Pädagogik gelandet zu sein.«[13]

Freuds Absicht war es, verborgene und geheimnisvolle Vorgänge des Unbewußten aufzudecken, Adler dagegen richtete sein Interesse auf die Zwecke des menschlichen Verhaltens; er begriff das Irrationale als ›private Intelligenz‹ und als Ausdruck des vom Menschen alle Zeit tendenziös angestrebten Ziels. Freud wollte das Unbewußte zum Sprechen bringen, um den Patienten zu korrigieren; Adler wollte Kranke und Gesunde dahin bringen, daß sie selbst die ›private Intelligenz‹ durch soziale Vernunft ersetzen. Freud war ein Kulturpessimist, der meinte, daß infolge der »primären Feindseligkeit der Menschen gegeneinander«[14] eine wirkliche Verbesserung der sozialen Zustände unmöglich wäre, zumal da wir alle Nachkommen von Mördern seien.

Adler war ein optimistischer Sozialreformer, der an die Möglichkeit vernünftiger Einsichten glaubte.

C. G. Jung führte die unterschiedlichen Haltungen von Freud und Adler darauf zurück, daß Freud ein Introversions- und Adler ein Extraversionstypus war.

Adlers *Studie über Minderwertigkeit von Organen*, die 1907 erschien, hatte schon keinen rechten inneren Zusammenhang mehr mit der Lehre Freuds. Zwei Jahre später enthielt ein Vortrag über den Schülerselbstmord bereits die Grundlinien der individualpsychologischen Auffassung. Dort hieß es: »Das Kind merkt sehr bald, daß in seiner kleinen Welt vorzugsweise die Kraft gilt, und findet dafür in der großen Welt reichliche Bestätigung. Und so behält es von den Zügen des Gehorsams nur diejenigen bei, die ihm Nutzen bringen, sei es einen Gewinn an Liebe, an Lob, Verzärtelung oder Belohnung. Leider führt gerade diese Art von Lebensbeziehung des Kindes leicht auf Abwege, und kann aus dem Unbewußten heraus in

[13] Sigmund Freud, *Die psychoanalytische Bewegung*. GW, Bd. X, S. 780. Siehe hierzu auch die Hinweise von Albert Ehrenstein in einem Aufsatz zu Adlers 60. Geburtstag in: A. Ehrenstein, *Ausgewählte Aufsätze*, hrsg. von M. Y. Ben-gavriêl, Heidelberg–Darmstadt 1961, S. 113–126.

[14] Sigmund Freud, *Das Unbehagen in der Kultur*. Wien 1930. GW, Bd. XIV, S. 471.

tendenziöser Weise Situationen schaffen, in welchen der späterhin Erwachsene geradezu auf die Hilfe anderer angewiesen ist. Solche Kinder werden in jeder Kränklichkeit, Ungeschicklichkeit, Ängstlichkeit, Schwachheit im Leben, in der Schule, in der Gesellschaft ihre Beziehungen so einrichten, daß man sich ihrer annimmt, Mitleid zeigt, daß man ihnen hilft, sie nicht allein läßt usw. – Gelingt ihnen dieses Vorhaben nicht, so fühlen sie sich beleidigt, zurückgesetzt, verfolgt. Eine ungeheure Überempfindlichkeit wacht darüber, daß nicht die eigene Schwäche entlarvt werde. Immer ist es ein Schicksal, Pech, die schlechte Erziehung, die Eltern, die Welt, die Schuld an ihrem Unglück tragen, und in dieser Absicht steigern sie ihre Wehleidigkeit zu Hypochondrie, Weltschmerz und Neurose. Und noch mehr! Ihre Sehnsucht nach Mitleid, nach Bevorzugung kann so intensiv werden, daß sie die Krankheit als Mittel schätzen lernen, einerseits um das Interesse der Umgebung auf sich zu lenken, andererseits als Vorwand, um jeder Entscheidung auszuweichen. Diese Furcht vor jeder Entscheidung (die Prüfungsangst des Nervösen), die ihn nichts zu Ende bringen läßt, ihn gleichzeitig mit höchster Ungeduld und Hast erfüllt, die ihm das Warten (auf die Entscheidung, auf den Erfolg) zur größten Qual macht, wird nur erklärlich, wenn man die ungeheuren Größenideen des Unbewußten kennt und das Gefühl von deren Unerfüllbarkeit bei ausgesprochen nervösen Personen.

Diese intrapsychische Spannung, der dialektische Umschlag aus dem Schwächegefühl des Kindes in Großmannssucht, wird begleitet, aber auch behütet durch dauernde Affektlagen der Ängstlichkeit, der Unsicherheit, des Zweifels an den eigenen Fähigkeiten. Und dies um so mehr, je größer die dynamische Wirkung des Kontrastes, je hypertrophischer die Züge des Ehrgeizes und der Eitelkeit sich ausgestalten.«[15]

Der Bruch mit Freud erfolgte schließlich 1911, nachdem Adler in Vorträgen in der psychoanalytischen Gesellschaft zur Kritik der Freudschen Sexualtheorie gesagt hatte, daß Sexualerscheinungen ihm niemals Ursache zu sein schienen, sondern stets bearbeitetes Material und Mittel des persönlichen Strebens wären.

Dieser wesentliche Gegensatz reflektierte sich in der Interpretation neurotischer Symptome. Freud sah ihren Ursprung in der Verdrängung, sie waren sozusagen Vertreter des Verdrängten dem Ich gegenüber. Für Adler waren sie eine Abwehr gegen die Anforderungen der Umwelt. Später führte zwar Freud den Abwehrmechanismus ein, aber dieser war für ihn der Schutz des Ichs gegen Triebforderungen des Es.

Die Summe der Adlerschen Kritik war jedenfalls, daß Freud

[15] Alfred Adler ›Über den Selbstmord insbesondere den Schüler-Selbstmord‹, in: *Diskussionen des Wiener Psychoanalytischen Vereins.* Wiesbaden 1910, S. 44–50.

nicht die Persönlichkeit hinter der Sexualität sähe. Später in seinem Aufsatz ›Zur Kritik der Freudschen Sexualtheorie der Nervosität‹ fügte er hinzu:

»Die Zahl der Hilfsvorstellungen, die bei den Erklärungsversuchen [Freuds] zutage treten, sind überaus groß und sie erweisen sich oft als unbewiesen oder gar als unbeweisbar. Gar nicht von denen zu reden, die in plattester Weise eine Analogie aus der Physik oder Chemie zu Hilfe nehmen, von ›Stauung‹, vom ›Zurückströmen‹ in infantile Bahnen, von ›Projektionen‹ und ›Regressionen‹ reden.«[16]

Diese Analogien waren nicht zufällig. Freud hatte als junger Neurologe seinen Ehrgeiz ganz auf naturwissenschaftliche Forschungen gerichtet. Noch als fast Siebzigjähriger bedauerte er in seiner Autobiographie, daß er wegen eines Besuches bei seiner Verlobten auf den Ruhm verzichten müsse, die Anästhesie durch Kokain entdeckt zu haben. (Ein Kollege machte in seiner Abwesenheit diese Entdeckung.) Immer war er bemüht, seiner Trieblehre eine naturwissenschaftliche Begründung oder doch eine naturwissenschaftliche Formulierung zu geben. Triebe und Unbewußtes erhalten in seiner Sprache einen sehr gegenständlichen Charakter. »Er setzte«, fand Adler, »die räumliche Anschauung über die dynamische.«[17] Noch 1920, in seinem Buch *Jenseits des Lustprinzips*, wünschte Freud, daß es ihm gelingen würde, »die psychologischen Begriffe durch physiologische oder chemische zu ersetzen.«

In offensichtlichem Gegensatz zu der naturwissenschaftlichen Darstellung der psychoanalytischen Theorie stand allerdings die Gründung der psychoanalytischen Gesellschaft. Einem Psychiater oder Biologen des 19. Jahrhunderts wäre wohl die Idee der Gründung einer Organisation zur Verbreitung seiner Auffassungen über hirnphysiologische Vorgänge absurd erschienen. Das Vorbild lag in den philosophischen Schulen des alten Griechenland.

Von Anbeginn organisierte Freud diese Gesellschaft nach strengen Regeln, die von einem Zentralkomitee überwacht wurden. »Bei der Gründung der Internationalen Vereinigung im Jahre 1910«, so schrieb später Freud, »sprach Adler in leidenschaftlicher Erregung die Befürchtung aus, daß eine ›Zensur und Einschränkung der wissenschaftlichen Freiheit‹ beabsichtigt sei.«[18]

Als Adler 1912 seine Vereinigung für Individualpsychologie gründete, handelte es sich um einen eher losen Zusammenschluß, dem auch Patienten beitreten konnten (die allerdings oft als bekehrte Eiferer der Lehre nichts Gutes antaten). Nach und nach wurde diese Vereinigung zu einer Art sozialpädagogischer Bewegung.

[16] A. Adler, *Heilen und Bilden*, a. a. O., S. 102f.
[17] A. Adler, *Heilen und Bilden*. Frankfurt a. M. 1973 (Fischer Taschenbuch Bd. 6220), S. 103.
[18] S. Freud, *Zur Geschichte der psychoanalytischen Bewegung*. GW, Bd. X, S. 86.

Hatte Adler in seiner Kritik an Freud auf die naturwissenschaftliche Einkleidung der Psychoanalyse hingewiesen, so verwies Freud[19] auf die »bekannte sozialistische Einstellung Adlers«. Beide waren in der Deutung ihrer Befunde von den Ideen bestimmt, mit denen sie angetreten waren.[20]

Tatsächlich hatte Adler schon als Student in sozialistischen Kreisen verkehrt und dort auch seine spätere Frau kennengelernt, die ihn mit russischen Marxisten – unter ihnen Trotzki und Joffe (der sein Patient wurde) – bekannt machte. Das hauptsächliche Thema dürfte für ihn das Verhältnis von Marxismus und Psychoanalyse gewesen sein.

Am 10. März 1909 sprach Adler im Kreise Freuds über ›Die Psychologie des Marxismus‹. Er wies darauf hin, daß es Marx darum ging, den Ablauf der Geschichte in den Griff des menschlichen Bewußtseins zu bringen.[21]

Bewußtmachung des Lebensprozesses war das Ziel Adlers. Mit Marx verband ihn auch die Erkenntnis von der Bedeutung des

[19] Ebd., S. 91ff.

[20] Auch das psychologische System C. G. Jungs mit seinen mythischen Inhalten spiegelt die Weltauffassung wider, mit der er angetreten war. Die erste öffentliche Äußerung Jungs war ein Vortrag des 21jährigen Studenten in der Studenten-Vereinigung Zofingie (1896) über die Grenzen der exakten Wissenschaften, in dem er gegen die materialistische Wissenschaft und für die Beschäftigung mit Spiritismus und metaphysischer Forschung auftrat. (Gustav Steiner, ›Erinnerungen an Carl Gustav Jung‹, in: *Basler Stadtbuch.* 1965, S. 117–163.)

[21] *Minutes of the Vienna Psychoanalytical Society.* I: 1906–1908, New York 1962, S. 172–178.

Leider ist das Protokoll über den Vortrag Adlers sehr unvollkommen. Es trägt den Vermerk, der Autor werde seine Ausführungen veröffentlichen; eine solche Veröffentlichung erfolgte jedoch nicht.

Das in Amerika herausgegebene Protokoll des Adlerschen Vortrages ist von den Herausgebern mit der folgenden Fußnote versehen worden: »In diesen Überlegungen zeigt sich deutlich der Einfluß von Trotzki, der ein persönlicher Freund Adlers war, und es ist vielleicht von Interesse festzustellen, daß (die Praxis der) Psychoanalyse nach dem Ersten Weltkrieg in Rußland verboten wurde.«

Diese Anmerkung weist erneut auf den Verfolgungs-Mythos der psychoanalytischen Schule hin. Abgesehen davon, daß die wiedergegebenen Äußerungen Adlers in keiner Weise besondere Auffassungen Trotzkis reflektierten, ist die angedeutete Idee, daß Adler Trotzki veranlaßt haben könnte, die Psychoanalyse zu verbieten, so widersinnig, daß es angebracht erscheint, einige Tatsachen anzuführen.

Nach der Revolution erschienen Freuds Werke in Rußland, ein Verbot erfolgte erst nach 1925.

Was Trotzki selbst anlangt, so schreibt sein Biograph: »Trotzki lernte Alfred Adler durch Joffe, der ein Patient Adlers war, kennen und begann, sich für die Psychoanalyse zu interessieren. Er glaubte, daß es zwischen Marx und Freud mehr Gemeinsames gäbe, als die Marxisten zugeben wollten. Nach

Interesses. Hatte Marx festgestellt, daß die Idee sich immer blamiert, wenn sie vom Interesse unterschieden ist,[22] und daß das Interesse hinter allen Ideologien steht, so fand Adler, daß das Individuum vom unbewußten Interesse seines Lebensplans und nicht von den vorgeblichen Gründen seines Handelns, die nur Rechtfertigungscharakter haben, gelenkt wird. Hatte Marx über das menschliche Wesen geschrieben: »In seiner Wirklichkeit ist es das Ensemble der gesellschaftlichen Verhältnisse«[23], so hieß es bei Adler: »Alle seine [des seelischen Organs] Fähigkeiten sind auf einer Grundlage entwickelt, die den Einschlag eines gesellschaftlichen Lebens in sich tragen.«[24]

Marx hatte darauf hingewiesen, daß die Ökonomie und die Geschichte des Menschen nicht aus den unveränderbaren Gesetzen der Natur erklärt werden könne, daß in ihr vielmehr historische Gesetze walteten. Adler stellte fest: »Die Seele kennt kein Naturgesetz, denn das vorschwebende Ziel ist nicht feststehend, sondern abänderbar. Wenn jemandem jedoch ein Ziel vorschwebt, dann verläuft die seelische Regung so zwangsmäßig, als ob hier ein Naturgesetz walten würde, nach dem man zu handeln genötigt würde.«[25] Freud dagegen wollte die Naturgesetze der Seele finden.

der Revolution forderte Trotzki die bolschewistischen Wissenschaftler auf, sich dem, was neu und aufschlußreich bei Freud sei, nicht zu entziehen. Sochinenya vol. XXI, S. 423–432.« (I. Deutscher, *The Prophet Armed.* London 1954, S. 193.)

Trotzkis Aufenthalt in Wien fiel in die Zeit, als Adler noch Mitarbeiter Freuds war (1909). Trotzki selbst schrieb in seinen Memoiren: »Durch Joffe wurde ich mit den Problemen der Psychoanalyse bekannt, die mir außerordentlich verführerisch erschienen. Allerdings sind viele Dinge in diesem Bereich noch schwankend und unsicher und in vieler Hinsicht für Phantasie und Zweideutigkeit offen.« (Léon Trotsky, *Ma Vie.* Paris 1930, Bd. 2, S. 70.)

Nach Fertigstellung des Manuskripts hat einer der Herausgeber der *Minutes*, Ernst Federn, dem Autor mitgeteilt, daß in der von ihm ursprünglich in deutscher Sprache verfaßten Fußnote darauf hingewiesen wurde, daß Adler Trotzki mit der Psychoanalyse bekannt machte und daß Trotzki sich später für dieselbe einsetzte. In der Übersetzung wäre der Inhalt der Note in sein Gegenteil verkehrt worden. Diese Fehlleistung der amerikanischen Herausgeber des Wiener Protokolls muß im Zusammenhang mit dem Verhalten von Sigmund Freud selbst verstanden werden. Anläßlich der Nachricht vom Tode Alfred Adlers schrieb Freud an den Schriftsteller Arnold Zweig, die Welt habe Adler reichlich dafür belohnt, daß er sich der Psychoanalyse in den Weg gestellt habe. (Ernest Jones, *The Life and Work of Sigmund Freud.* New York 1955; Bd. III, S. 208.)

22 Karl Marx, *Die Heilige Familie.*

23 Karl Marx, *Thesen über Feuerbach*, Nr. 6.

24 Alfred Adler, *Menschenkenntnis.* Frankfurt a. M. 1966 (Fischer Taschenbuch Bd. 6080), S. 40.

25 Ebd., S. 32.

Freuds Interesse ist immer auf den ›Fall‹ und dessen innere Triebvorgänge gerichtet. Adler wiederum sieht alle Kategorien – Triebe, Bewußtsein, Unbewußtes – als Aspekte des einheitlichen Systems der Person, die von den Umweltbeziehungen durchdrungen ist. Anders als für Freud erfolgt für ihn die Sozialisierung des Individuums nicht auf Kosten der Sexualtriebe, sondern dessen Tendenz, Überlegenheit zu erlangen, geht auf Kosten seiner Vergemeinschaftung. Deswegen »liegt echte *Wiederherstellung* für Adler in der *Welt*, für Freud in der *Eigenperson*«.[26]

Adler sah nicht wirkliches sexuelles Verlangen hinter den Kindheitserinnerungen aufleuchten, sondern symbolisches Besitzergreifen von den Eltern. Er sah nicht wirkliche Angst vor Kastration zutage kommen, sondern ein Symbol für ein Sich-unmännlich-Fühlen, keinen wirklichen Todeswunsch, sondern Flucht und Angst vor der Niederlage.

Es ließe sich ein Wörterbuch anfertigen, in dem man die Vokabeln der Psychoanalyse und der Individualpsychologie gegenüberstellen könnte. Der Unterschied liegt in der Interpretation der Befunde, und gerade diese ist das wesentliche Element, denn es gibt keine reinen, d. h. nur begrifflich und theoretisch ungeformte Tatsachen in der Psychologie.

Freuds Verdrängung und Zensur heißen bei Adler: Was unsere Argumentation stört, muß unbewußt bleiben. Narzißmus und Objektbesetzung sind in der Individualpsychologie Ichhaftigkeit und Sachlichkeit. Penis-Neid ist bei Adler männlicher Protest. Der Freudsche Begriff der Abwehr entspricht in der individualpsychologischen Theorie der Sicherung.

Als Adler den Begriff Überkompensation bildete,[27] verwies er auf die Verwandtschaft mit Freuds Begriff der Sublimierung. Kompensation entspricht bei Freud Ersatzbefriedigung. Seine Plastizität der sexuellen Triebregungen ist der Anpassungsfähigkeit des minderwertigen Organs verwandt.

In den weitreichenden Abänderungen seiner Theorie hat Freud bereits, wegweisend für seine Nachfolger, von der Kritik Adlers vielerlei Gebrauch gemacht. Mit der Einführung von Ich und Über-Ich, mit der Erweiterung des Begriffes Sexualität und der Etablierung des Ich als Gegenpol ist das Selbst auch bei ihm erkennbarer geworden, und damit kam auch dem Bewußtsein wieder größere Bedeutung zu. Wenn schließlich Freud in *Hemmung, Symptom und Angst* (1926) den Sinn der Neurose in der Abwehr einer Gefahrensituation sieht, die an die Hilflosigkeit der ersten Kinderjahre erinnert, so kam er der Adlerschen Deutung ganz nahe.

[26] David L. Hart, *Der tiefenpsychologische Begriff der Kompensation*. Zürich 1956.

[27] A. Adler, *Studie über Minderwertigkeit von Organen*, Berlin–Wien 1907, S. 62.

Freud hatte, um der Psychoanalyse eine naturwissenschaftliche Fundierung zu geben, die Kausalität der neurotischen Symptome betont, während Adlers Interesse mehr ihren Zwecken galt. Otto Rank, einer der frühesten Mitarbeiter Freuds, hat aber bereits darauf aufmerksam gemacht, daß auch die Psychoanalyse finalistisch sei, da Freud sich in erster Linie mit der das Ich betreffenden Lust- und Unlustwirkung des sexuellen Lebens befasse und Sublimierung wie Überkompensation Resultate seien, die sich aus den Zwecken der Grundtriebe ergäben.[28]

Es wurde auch die Ansicht geäußert, die unterschiedliche Deutung der Assoziationsinhalte durch Freud und Adler sei darauf zurückzuführen, daß die Patienten nicht aus demselben sozialen Milieu stammten. Freuds Patienten gehörten meist den reicheren Schichten an, die kaum andere als sexuelle Sorgen hatten. Die Patienten Adlers kamen mehr aus der Mittelklasse, wo Probleme des gesellschaftlichen Status und des ökonomischen Fortkommens überwogen. Dagegen wurde eingewandt, bereits die unterschiedliche Haltung der beiden Männer habe die Verschiedenheit der Patienten bedingt.

Wie auch immer, die Erfahrungen, die der Therapeut mit seinen Patienten macht, sind nicht ohne das Bezugssystem möglich, in dem beide sich befinden. Wie die Physik einen Wirkungszusammenhang zwischen dem Beobachter und dem beobachteten Objekt festgestellt hat, so findet eine Übertragung vom Therapeuten zum Patienten und umgekehrt statt.

Am Anfang dieser psychologischen Entwicklung war der Patient wichtigstes Untersuchungsobjekt des Psychologen. Die soziale Herkunft der ersten Patienten hat daher sicherlich großen Einfluß auf die jeweilige psychologische Theorie genommen. Diese Herkunft ist verankert in der Erinnerung des Individuums.

Wenn Freud fand, daß das verlorene Paradies, nach dem der einzelne sich zurücksehnt, in der Kindheit liegt, so doch nur, weil *er* es wesentlich mit Menschen zu tun hatte, die eine verzärtelte Kindheit hatten; denn nichts belastet den Menschen mehr – und dies bis ins hohe Alter – als die Erinnerung an eine harte und entbehrungsreiche Kindheit, wofür die Werke von Charles Dickens beredtes Zeugnis ablegen.

Seitdem der Therapeut aber eine abgeschlossene, d. h. fertige und vorfabrizierte Ausbildung erhält, und er daher von vornherein weiß, wie die Patienten zu interpretieren sind, ist seine Projektion in die Patienten wohl stärker geworden. Dies gilt für den Psychoanalytiker um so mehr als durch die Verbreitung eines Vulgär- oder Pseudo-Freudismus der Patient oft schon vorher weiß, welche Träume, Symbole und Erinnerungen von ihm erwartet werden. Die Möglichkeit, daß der Patient zum Echo der

[28] Otto Rank, *Erziehung und Weltanschauung*. München 1933.

Theorie wird, ist jedenfalls immer und bei allen Schulen gegeben.[29]

c) *Adler und Vaihinger*

Im Jahre 1911, als Adler die Selbständigkeit seiner Theorie durch den Bruch mit Freud besiegelte, erschien Hans Vaihingers Buch *Die Philosophie des Als-Ob* (das allerdings schon 30 Jahre zuvor verfaßt worden war). Dieses Buch mußte Adler schon deshalb beeindrucken, weil es Auffassungen über die Psychologie enthielt, die den seinen sehr verwandt waren. So hieß es dort, daß die Psyche das Wahrgenommene mit ihren aus ihr selbst heraus entwickelten Kategorien umspinne und eine »zweckmäßige Aneignung des Wahrgenommenen« erfolge. Wesentlich aber wurde für Adler, daß Vaihinger zufolge das Denken in Fiktionen das Mittel ist, durch welches der Mensch die Umwelt bewältigen kann. Vaihinger nannte Fiktionen die Vorstellungen, die von der Wirklichkeit abweichen oder ihr sogar widersprechen, aber eingeschoben werden, um sich in der Realität besser zurechtzufinden, auch fiktive Analogieschlüsse könnten so zweckdienlich verwendet werden. Das Handeln aufgrund der Vorstellung, ›als ob‹ etwas wirklich so wäre, wie es vorgestellt wird, sei ein Kunstgriff der Seele. »Die fiktive Tätigkeit der Seele ist eine Äußerung der psychischen Grundkräfte, die Fiktionen sind psychische Gebilde ... denn die Seele ist erfinderisch.«

Adler sah hier einen Schlüssel. Benahmen sich doch seine Patienten so, ›als ob‹ sie einen Geltungsanspruch verwirklichen müßten, ›als ob‹ die Welt ihnen etwas schulde, und ›als ob‹ sie sich noch in der Familiensituation der Kindheit befänden. Alle ihre Vorstellungen und Symptome waren ›Kunstgriffe‹.

[29] Das Problem der Beeinflussung des Patienten durch den Therapeuten ist von Anbeginn der Psychotherapie gesehen worden. Diese Beeinflussung zu leugnen, hat Pierre Janet in seinem kritischen Referat über Psychoanalyse auf dem 17. Internationalen Kongreß für Medizin, 1913 in London, naiv genannt. Der Therapeut beeinflusse vielmehr unbewußt den Lauf der Assoziationen des Patienten. Ähnlich schrieb Wilhelm Fliess an Freud, daß er bei den Patienten finde, was er projiziert habe, und Freud antwortete ihm, er vernichte damit den Wert aller seiner Entdeckungen. In der Tat war schon Charcots Werk am Ende daran gescheitert, daß sich nämlich herausstellte, daß die von ihm in seiner Klinik hypnotisierten hysterischen Frauen bereits vorher wußten, welche Symptome von ihnen erwartet wurden. Freud selbst hatte ja zu Beginn seiner therapeutischen Tätigkeit erfahren müssen, daß ihm seine Patientinnen so oft erzählten, sie seien von ihrem Vater vergewaltigt worden, bis ihm aufging, daß es sich hier nicht um eine wahre Erinnerung handeln könne. Diese Einsicht entkräftete seine ursprüngliche Theorie, wonach Hysterie auf einem traumatischen Erlebnis beruht, und stellt einen Wendepunkt in der Entwicklung der Psychoanalyse dar.

Adler stimmte ebenfalls mit der Vaihingerschen Forderung überein, solche Fiktionen bewußt einzusetzen. Seele, Kraft, Seelenvermögen sind nach Vaihinger solche Fiktionen. Die Phänomene, die wir mit ihnen erklären, sind zwar wirklich; um sie aber begreifbar zu machen, tun wir, als ob die Fiktionen selbst die Wirklichkeit wären. Da wir das objektive Sein selbst nicht erkennen, sondern nur erschließen können, und die Welt also tatsächlich nicht erkennbar, sondern von uns gedacht wird, so müssen wir, um sie zu erschließen, so tun, als ob wir einen Schlüssel hätten, wir bilden vorläufige Vorstellungsformen. »Fiktionen sind eben solche logischen Gebilde, welche kein Erkennen zur Folge haben, sondern nur die Möglichkeit des Berechnens eröffnen.«

In diesem Sinne entwickelte Adler seine ursprüngliche finalistische Methode. Er legte dar, daß der seelische Prozeß dadurch aufzuschließen sei, daß man ihn betrachte, als ob das Individuum sich ein Ziel gesetzt habe, das den Empfindungen ihren Wert verleiht, die Wahrnehmungen lenkt und beeinflußt, die Vorstellungen gestaltet, Erinnerungen ausgestaltet oder beiseite schiebt.[30]

Dieser Auffassung wurde entgegengehalten, daß sie zu bescheiden sei: »Die großartige Resignation, mit welcher die Forschungsgrundlagen und Leitmaximen der Adlerschen Individualpsychologie von ihm selber als ein ›Als ob‹ im Sinne Vaihingers hingestellt werden, als eine Arbeitshypothese des charakterologischen Begreifens, des ärztlichen und erzieherischen Handelns, wird hoffentlich mit der Dauer weichen. Die Sinndeutbarkeit des Individuellen besteht doch tatsächlich – und zugleich ist sie eine grundlegende Forderung für jedes adäquate wissenschaftliche Erkennen von Individualität.«[31]

Adler revidierte auch seine heuristische Methode dementsprechend:

»Unsere Erfahrung und unsere Eindrücke festigen aber in uns die Überzeugung, daß diese heuristische Methode mehr als ein Hilfsmittel der Forschung vorstellt, daß sie sich in ihren Grundlagen im weitesten Ausmaß mit wirklichen Vorgängen der seelischen Entwicklung deckt, die teils bewußt erlebt werden, teils aus dem Unbewußten zu erschließen sind. Die Zielstrebigkeit der

30 A. Adler, *Menschenkenntnis*, a. a. O., S. 74.

31 Arthur Kronfeld, ›Die Individualpsychologie als Wissenschaft‹, in: *Handbuch der Individualpsychologie*, S. 26/27. Es ist allerdings darauf hingewiesen worden, daß Adler Vaihingers ›Fiktion‹ mit Arbeitshypothese verwechselt habe, wie das ja auch Kronfeld in dem zitierten Text tut. Vaihinger aber betonte gerade den Unterschied, der darin liegt, daß eine Arbeitshypothese etwas annimmt, was für richtig gehalten wird, aber erst bewiesen werden soll, während eine Fiktion sich auf etwas von vornherein als unwirklich Erkanntes bezieht. (Vgl. Josef Wandeler, *Die Individualpsychologie Alfred Adlers in ihrer Beziehung zur Philosophie des Als Ob Hans Vaihingers.* Dissertation Zürich 1932.)

Psyche ist demnach nicht bloß unsere Anschauungsform, sondern auch eine Grundtatsache.«[32]

d) *Im Dilemma der Zeit*

Die theoretische Grundlegung der Individualpsychologie war vor dem Ausbruch des Ersten Weltkrieges abgeschlossen (1912 erschien Adlers Hauptwerk *Über den nervösen Charakter*). Hatte sich bis dahin die Individualpsychologie fast ausschließlich auf die Heilung von seelischen Erkrankungen konzentriert, so beschäftigte sie sich in den 20er Jahren darüber hinaus vor allem mit pädagogischen und kulturpolitischen Problemen. Dies geschah aus der Erkenntnis, daß es besser sei, Neurosen vorzubeugen, bevor sie entstehen, als sie nachträglich zu heilen. Mit den in Deutschland, Österreich und anderen Staaten Mitteleuropas stattfindenden sozial-reformerischen Bemühungen, die nach den politischen Veränderungen von 1918 einsetzten und besonders auf kommunalpolitischer Ebene wirksam wurden, erhielten die Individualpsychologen Betätigungsmöglichkeiten in vielerlei sozialpädagogischen und kulturpolitischen Institutionen. Die theoretische Vertiefung wurde mit Adlers *Theorie und Praxis der Individualpsychologie* (1920) und vor allem mit der *Menschenkenntnis* (1927) fortgesetzt. Die Ausdehnung von Theorie und Praxis auf ärztliche, pädagogische und kulturpolitische Bereiche spiegelt sich wider in Veröffentlichungen wie das *Handbuch der Individualpsychologie* (1926), aber auch einer großen Zahl von Büchern und Aufsätzen aus dem Kreis der individualpsychologischen Schule.

Durch die Vernichtung des sozial-reformerischen Werkes im Jahre 1933 (das schon seit 1930 langsam abgebaut worden war), wurde nicht nur die öffentliche Tätigkeit der individualpsychologischen Schule in Mitteleuropa vorläufig beendet, sondern auch ihre mit der Praxis so eng verbundenen theoretischen Bemühungen in eine schwere Krise gestürzt.

Als die kaiserlichen Regime in Deutschland und Österreich 1918 von der Bühne der Geschichte abtraten, hatte Adler zukunftsgläubig geschrieben: »Aus seinem qualvollen Erleben gebiert uns das sozialistische Deutschland die tiefste Idee aller Kultur in der endgültigen Verwerfung des Strebens nach Macht und in der endgültigen Erhebung des Gemeinsinns zur leitenden Idee.«[33]

Mit dem Niedergang der politischen Bewegung, der er sich verbunden gefühlt hatte, schien Adler die Idee zu entwickeln, daß die Individualpsychologie eine eigene kulturpolitische Rolle in

[32] A. Adler, *Menschenkenntnis*, a. a. O., S. 75.

[33] Alfred Adler, ›Bolschewismus und Seelenkunde‹, in: *Internationale Rundschau*, (Zürich) IX (1918), S. 597.

der Welt spielen könne.[34] Dazu war es nötig, daß die Individualpsychologie in England und insbesondere in Amerika Fuß faßte. Unter großem persönlichen Einsatz bereitete er dafür den Boden vor, lernte Englisch, verschaffte sich in Amerika eine Professur und eilte von Vortrag zu Vortrag.

Während dieser Zeit wurde das Verhältnis zwischen Adler und den linken Individualpsychologen zusehends gespannter.[35] Diese wollten den individualpsychologischen Begriff ›Gemeinschaft‹ dem sozialistischen Ziel gleichsetzen. Adler antwortete ihnen unwillig, daß er nicht begreifen könne, wie Leute, die jahrelang auf der Schulbank der Individualpsychologie gesessen hätten, nicht verstehen könnten, daß der individualpsychologische Begriff der Gemeinschaft ganz anders zu fassen sei. In seinem letzten in Wien (1933) erschienenen Buch schrieb er dazu: »Gemeinschaftsgefühl besagt vor allem ein Streben nach einer Gemeinschaftsform, die für ewig gedacht werden muß, wie sie etwa gedacht werden könnte, wenn die Menschheit das Ziel der Vollkommenheit erreicht hat. Es handelt sich niemals um eine gegenwärtige Gemeinschaft oder Gesellschaft, auch nicht um politische und religiöse Formen ...«[36]

Die Auseinandersetzung über den Begriff der Gemeinschaft wurde schließlich immer unsachlicher, insbesondere als einige Individualpsychologen, die zeitweilig unter den Einfluß des Stalinismus geraten waren, die ›offizielle‹ Individualpsychologie ›sozialfaschistisch‹ nannten.

Die Bemühungen Adlers, der Individualpsychologie eine weltweite und universale Bedeutung zu verschaffen, führten ihn zunächst zu einer Überschätzung ihrer pädagogischen Möglichkeiten.

Angesichts der Ereignisse des Jahres 1933 glaubte er sagen zu können, »*daß uns nur die Erziehung des Kindes zur Mitmenschlichkeit* über Fehlschläge der Masse hinweghelfen kann ...«[37]

In der rationalistisch-aufklärerischen Verbreitung der individualpsychologischen Lehre lag die große Gefahr, daß bei einer oberflächlichen Interpretation des Begriffes ›Gemeinschaftsgefühl‹ leicht die Vorstellung aufkommen konnte, es handle sich nur um eine nützliche Wohlfahrtsethik; dies um so mehr, als Adler vom

[34] Es sind leider keine Briefe Adlers oder andere Dokumente über ihn publiziert worden – und existieren wohl auch nicht –, aus denen man die Beweggründe erkennen könnte, die ihn in den letzten Jahren seines Lebens vorwiegend als Propagandist seiner Lehre auftreten ließen.

[35] Adler verwies allerding noch in der 4. Auflage der *Menschenkenntnis* (S. 19), die 1931 erschien, auf den Zusammenhang der Individualpsychologie mit den Marxschen Auffassungen.

[36] A. Adler, *Der Sinn des Lebens.* Frankfurt a. M. 1973 (Fischer Taschenbuch Bd. 6179), S. 166.

[37] *Int. Zeitschrift für Individualpsychologie*, 1934, 3.

›Nutzen der Allgemeinheit‹ und ›Wohl der Gesamtheit‹ in einer Weise sprach, die vergessen lassen konnte, daß es sich dabei um die Überwindung dessen handelt, was Adler ›die neurotische Kultur‹ genannt hatte.

Damit im Zusammenhang steht das Bemühen Adlers, der Individualpsychologie eine philosophische Fundierung zu geben. Dies geriet aber sehr in Widerspruch zur inneren Logik und Dialektik der individualpsychologischen Theorie. Die Lehre, daß das Kind seinen Lebensstil gestaltet, indem es seinen Sicherungstendenzen folgt, wurde ersetzt durch die »Überzeugung von der freien schöpferischen Kraft des Individuums in der ersten Kindheit«[38] und durch die Auffassung, alles menschliche Streben sei auf Vollkommenheit gerichtet.

Die Idee von der Schöpferkraft des Kindes widersprach der Einsicht in das dialektische Verhältnis von Mensch und Umwelt. Entsteht der Lebensstil nicht in der Überwindung der Umweltschwierigkeiten, entspringt er einer schöpferischen Kraft, so muß ihm ein angeborenes Etwas zugrunde liegen, und es muß eine größere und kleinere Schöpfungskraft möglich sein. Die Erziehung zum Bewußtsein, auf die die individualpsychologische Praxis gerichtet ist, tritt dann hinter die Schöpferkraft als einem gegebenen Faktor zurück.

In der späten Philosophie Adlers wurde die Anpassung an die Anforderungen des Lebens durch Überwindung der Widerstände und Herausforderungen durch eine *besondere* Evolution des Menschen ersetzt: »Die Individualpsychologie steht ganz auf dem Boden der Evolution und sieht alles menschliche Streben als ein Streben nach Vollkommenheit, körperlich und seelisch ist der Lebensdrang unverrückbar an dieses Streben geknüpft.«[39]

Dabei handelt es sich aber keineswegs mehr um die Deutung von Befunden: »Das ideale Ziel der Evolution ist die Idee, und kann nur auf spekulativem Wege erfaßt werden.«[40]

Unter diesem spekulativen Gesichtspunkt erscheint das Überlegenheitsstreben nicht mehr als Kompensation des Minderwertigkeitsgefühls, sondern das Gemeinschaftsgefühl lenkt das Überlegenheitsstreben in Richtung auf die Vollkommenheit. Zugleich wird als therapeutisches Ziel häufiger der zweideutige Ausdruck ›Hinwendung zur Nützlichkeit‹ verwendet.

Über die Gründe für den veränderten Sprachgebrauch lassen sich nur Vermutungen anstellen, aber viele der nun bevorzugten Ausdrücke haben ohne Zweifel eine gewisse Affinität zu typisch amerikanischen Konzepten wie ›*self-realization*‹, ›*optimal functioning*‹, ›*adjustment*‹, ›*getting ahead*‹, ›*improving themselves*‹. Selbst der

[38] A. Adler, *Der Sinn des Lebens*, a. a. O., S. 56ff.
[39] Ebd.,S. 35.
[40] *Int. Zeitschrift für Individualpsychologie*, 1934, 3.

Begriff ›Vollkommenheit‹ (›*perfection*‹) gehört in Amerika viel weniger in den religiös-philosophischen Sprachgebrauch, sondern weit eher zur Umgangssprache.

Mit der Verwendung von Begriffen wie ›Nützlichkeit schlechthin‹ war der Interpretation im Sinne der ›neurotischen Kultur‹ die Tür geöffnet.

Die von Adler nun als metaphysische Idee betonte ›Schöpferkraft‹ trat in einen zwangsläufigen Konflikt mit dem individualpsychologischen Begriff der Erziehungsfähigkeit und den Zielen von Umerziehung und Selbsterziehung. Adler sprach jetzt davon, daß das spätere Leben gebunden sei, »sobald das Kind sich ein festes Bewegungsgesetz für sein Leben gegeben hat«.[41]

Für die folgende Darstellung der Adlerschen Theorie der Menschenkenntnis ist es daher unerläßlich, sie in ihrer ursprünglichen Gestalt, deren Glieder dialektisch ineinandergreifen, darzustellen und von der Einflechtung von ad hoc eingeführten Ideen, die dem Dilemma der Zeit entsprangen, abzusehen.

[41] A. Adler, *Der Sinn des Lebens*, a.a.O., S. 24ff.

Prinzip der Totalität

a) *Die Kategorie der Ganzheit*

›Individualpsychologie‹ ist keine sehr glückliche Bezeichnung. In der Gedankenassoziation erscheint ›Sozialpsychologie‹ als Gegensatz. Der Name ›Individualpsychologie‹ soll jedoch darauf hinweisen, daß in ihr der Mensch als ein In-dividuum, d. h. als etwas Unteilbares angesehen wird. Sie geht nicht von Gefühlen, Affekten, Trieben aus, sondern vom Menschen als einem organischen Ganzen.[1] Lange genug hatte sich die Psychologie, die an den Universitäten gelehrt wurde, mit Funktionen, Empfindungen, Wahrnehmungen, Vermögen, Reaktionen, Gefühlen, Vorstellungen, aber nicht mit der Person befaßt.[2] Adler indessen stellte die Frage, was bringt und hält die verschiedenen Funktionen und Lebensäußerungen in Harmonie und Zusammenhang, und was macht die Persönlichkeit aus, die sich in ihnen manifestiert? Die Individualpsychologie versteht alle Lebensäußerungen, jede Geste, jeden Affekt, jede Handlung als Ausdruck der Persönlichkeit, eines unteilbaren Ganzen. Hegels Wort »Das Wahre ist das Ganze« ist ihre Leitidee. Die Individualpsychologie geht auch nicht von Trieben aus, die Wilhelm Wundt noch als die psychischen Grundphänomene bezeichnet hatte. Triebpsychologien betreiben in ihrer Sicht eine Verdinglichung; der Trieb erscheint bei ihnen als ein selbständiges Etwas, das losgelöst vom Individuum sein Spiel treibt. Die Individualpsychologie lehnt die Mystifikation des Triebes ab, sie versteht einen Trieb nicht als ein der Person entfremdetes Objektives. Im Gegenteil, sie findet die Art und Weise, wie der Trieb in Erscheinung tritt, in der Struktur der Persönlichkeit begründet. Äußerungen der Person wie Gedächtnis, Traum, Phantasie sind Ausdruck dieser Struktur. Alle Komponenten des Organismus sind der ordnenden Kraft, welche die integrale Aktivität des Ganzen ausübt, unterworfen. Das Ganze aber kann nicht zum besseren Verständnis gegliedert, es kann nur sinndeutend erfaßt werden.

[1] Die Ganzheitsbetrachtung wurde zur selben Zeit auch in William Sterns personalistischer Psychologie und in der Gestaltspsychologie von Kurt Koffka, Wolfgang Köhler, Kurt Lewin und Max Wertheimer entwickelt.

[2] Schon Hegel vermerkte über »die beobachtende Psychologie«: diese müßte sich wundern, daß so vielerlei und solche heterogene einander zufällige Dinge wie in einem Sacke beieinander sein können, besonders weil sie sich nicht als tote ruhende Dinge, sondern als unruhige Bewegungen zeigen. Die Einheit dieser vielfachen Fähigkeiten sei in der *wirklichen* Individualität. (*Phänomenologie des Geistes*. Hrsg. von Joh. Hoffmeister, 5. Aufl. 1949, S. 224.)

Die Individualpsychologie betreibt also keine Begriffsmythologie, in der Triebe und Unterbewußtsein ein selbständiges Dasein führen und ihre eigenen Gesetzmäßigkeiten haben; sie will die schöpferische Persönlichkeit verstehen, die sich vor allem in ihren Handlungen Ausdruck verschafft. Sie stellt den Menschen als Subjekt in den Mittelpunkt ihres Bemühens. Sie folgt auch darin Hegel, der wollte, daß »das Wahre nicht als Substanz, sondern ebensosehr als Subjekt aufzufassen und auszudrücken« sei.[3] Deswegen legt die Individualpsychologie auch keinen großen Wert auf eine Typologie der Menschen oder seelischer Krankheiten, sondern betont die jeweilige Besonderheit, die es zu beachten und zu verstehen gilt.

Mit der Kategorie der Ganzheit, mit der allein nach Hegel das lebendig Prozeßhafte des Organismus erfaßt werden kann, geht die Individualpsychologie nicht nur von der Philosophie aus, sondern findet sich auch im Einklang mit der integrierenden Theorie der Biologie. In seiner *Logik des Lebenden* hat François Jacob, Nobelpreisträger der Medizin, darauf hingewiesen, wie selbst das Atom – einst die nicht mehr reduzierbare Materie – als ein System begriffen werden muß. Die Entwicklung kann als eine Integration von Systemen verstanden werden, wobei jede Integration die Qualität der Dinge ändert. Ein Organismus als integrierte Einheit, als Organisation, kann zwar durch seine ihn konstituierenden Systeme erklärt, aber nicht auf diese zurückgeführt werden. Das Ganze ist nicht nur *nicht* die Summe seiner Teile: das Ganze ist es, das die Tätigkeit der Teile bestimmt. Mit der wachsenden Fähigkeit der Organismen, auf Anregungen von außen zu antworten, wächst der Grad der Freiheit, der dem Organismus in der Wahl dieser Antwort bleibt.

Natürlich existieren Grenzen. Das genetische Programm des Menschen gibt ihm die Fähigkeit der Sprache, jedoch ab einem gewissen Alter lernt das Kind, das mangels Fürsorge und mütterlicher Liebe nicht zum Sprechen gekommen ist, nicht mehr zu sprechen.[4]

b) *Zielgerichtete Einheit der Persönlichkeit*

Wenn die Sprachfähigkeit ohne Ansprache verkümmert, so ist die unteilbare Person noch nicht wirklich das Ganze. Muß das menschliche Verhalten als Antwort auf seine Umwelt verstanden werden, so seine Aktionen als Reaktionen. Beobachten wir die Äußerungen des Individuums, so müssen wir fragen, worauf sie antworten und wozu die Antwort dient, was sie bezweckt.

[3] Vorrede zur *Phänomenologie des Geistes*.
[4] François Jacob, *Die Logik des Lebenden*. Frankfurt a. M. 1972.

Adler gelangte zur Formulierung seiner psychologischen Einsichten durch die medizinische Behandlung seelischer Erkrankungen. Dabei fand er bald, wie vor ihm bereits Freud, daß ihre Ursachen in der Vergangenheit lagen, daß sie dem Versuch entsprangen, auf die Umwelt zu antworten. Die Aufgabe war also, den Sinn dieser Antworten zu deuten und ihre Zweckmäßigkeit zu untersuchen. Es galt, Anregung und Antwort, Ursache und Zweck gleichzeitig in Betracht zu ziehen. Daraus ergab sich eine kausal-finale Methode.[5]

Daß menschliches Tun zweckhaft ist, ist an und für sich keine neue Erkenntnis. Die Philosophie hat sie längst vorweggenommen. Kant hat die Frage nach den Zwecken ein Prinzip mehr genannt, die Erscheinungen in Regeln zu fassen, wo die Gesetze der Kausalität nicht ausreichen. Sein zentraler Gedanke war, daß es eine innere Zielgerichtetheit (Teleologie) im Organismus gebe.[6]

In dem Augenblick, da die Äußerungen des Menschen als der Ganzheit der Person zugehörig begriffen werden, hat die Psychologie es mit einem Subjekt zu tun. Kausalbetrachtung kann ihren Gegenstand nur eben als Gegenstand, d. h. als Objekt betrachten. Das Subjekt aber hat ein lebendiges Streben. Ist das Erkennenwollen auf dieses Streben gerichtet, so werden Ursachen und Zwecke untrennbar. In einer Theorie der zielgerichteten Einheit der Persönlichkeit, deren Äußerungen ihr zweckhaftes Streben ausdrükken, ergab sich die Methode des Erkennens aus der Seinsweise des zu Erkennenden.

Die Entwicklung der Naturwissenschaften im 19. Jahrhundert auf dem Boden einer streng kausalen Methode und ihre großen Erfolge insbesondere auf dem Gebiete der Medizin hatten alle nicht-kausalen Methoden als unwissenschaftlich entwertet. Der Kausalprozeß wurde zu einer in allen Sphären allein wirkenden Gesetzlichkeit. Die mechanistische Biologie mußte daher alle psychischen Vorgänge auf eine stoffliche Basis und deren Veränderung zurückführen.

Die tote Kausalität aber, die die Welt als einen Mechanismus begreift und alles auf Gesetzmäßigkeit zurückführt, ist im 20. Jahrhundert in allen Wissenschaften zurückgetreten. In der Sicht der Physik erscheinen die Dinge nicht mehr als mit festen Eigenschaften begabt, sondern als Funktionen in Kraftfeldern. Zugehörig zu einem System, verliert die Einheit in der Quantentheorie weitgehend ihre Individualität und geht in der umfassenderen Einheit des Systems auf. Befund der Biologie aber ist, daß bei lebenden

[5] Finis bedeutet im Lateinischen Zweck und Ende ebenso wie das griechische Wort Telos. In der religiös orientierten Sicht wurde dieses Telos einem von Gott den Wesen gegebenen Ziel gleichgesetzt, daher auch der Widerstand der kausal orientierten Wissenschaft gegen diesen Begriff.

[6] J. Kant, *Kritik der Urteilskraft*, § 65 und 66.

Systemen die Teile sich dem ordnenden Zwang unterwerfen, den die integrale Aktivität des Ganzen ausübt.

Gewiß ist auch dies früher nicht unerkannt geblieben. Lange Zeit hindurch war jedoch, bemerkt François Jacob, das Verhältnis der Biologie zur Teleologie (d. h. zu einer dem Organismus innewohnenden Zweckhaftigkeit und Zielstrebigkeit) wie das eines Mannes zu einer Frau, von der er sich nicht lösen kann, in deren Gesellschaft er sich aber nicht in der Öffentlichkeit sehen lassen möchte. Dieser verborgenen Liaison gäbe jetzt die Programmierung einen legalen Status. In einem neuen Zeitalter der Mechanisierung habe das Konzept des Programmes ein dem elektronischen Computer entlehntes Modell für den Organismus abgegeben.[7]

c) *Lebensplan, Leitlinien, Lebensstil*

Hätte es den Begriff Programmierung früher gegeben, er würde durchaus in das Adlersche Konzept gepaßt haben. Bei ihm erscheint er unter dem Wort ›Lebensplan‹. Das Individuum könnte nicht existieren, wenn es nicht alle seine Funktionen einheitlich ausrichtete. Kein Mensch, sagt Adler, kann denken, fühlen, wollen, sogar träumen, ohne daß all dies bestimmt, ausgewählt und ausgerichtet wäre. Im Lebensplan sind die Antworten des Menschen auf die Gegebenheiten, mit denen er zu tun bekommt, verarbeitet und ihm zweckdienlich erscheinend ausgerichtet. Natürlich handelt es sich nicht um einen bewußten Plan. (Adler hat später davon gesprochen, daß das Wort Mißverständnisse hervorrufen kann.) Der Mensch *setzt* sich kein Ziel, aber er handelt, *als ob* er ein Ziel verfolge, und sein Handeln kann nur so verstanden werden.

Der Lebensplan hat seine Ursachen, die aber immer gleich wieder zweckdienlich genutzt werden. Fortschreitend mit seiner Fixierung werden dann auch alle Bauelemente ›plangemäß‹ verarbeitet und ausgerichtet.

Die ›Programmierung‹ beginnt mit den frühesten Daten, die bereits außerordentlich richtunggebend wirken. Aus seinen frühkindlichen Erlebnissen bezieht der Mensch eine bestimmte Einschätzung seiner Umwelt und übt eine bestimmte Weise ein, auf die Anforderungen des Lebens zu antworten. Diese Art des Antwortens, in anderen Worten, dieser Aufbau des einheitlich gerichteten Lebensplans erscheint ihm als ein notwendiges Sicherungsmittel. In der Computersprache: Er beginnt die Programmierung der Antworten, die sein Handeln bestimmen werden. In Adlers Sprache: Der Mensch baut die Leitlinien seines Verhaltens in seinen Lebensplan ein. Diese Leitlinien dienen dem Siche-

[7] Jacob, a. a. O.

rungsbedürfnis des Individuums, sie sind Mittel, das Leben zu bewältigen, aber sie können zu Zwecken werden, sobald Menschen sich nach einer starren Fiktion ausrichten, d. h. sich so benehmen, als ob alle Menschen ihnen dienstbar sein müßten oder als ob alle Menschen ihre Feinde wären, oder es nur darauf ankomme, im Vordergrund zu stehen, oder als ob man Schwierigkeiten am besten aus dem Wege gehe, oder man sich wie der Vater benehmen müßte, um männlich zu sein usw. Alle Bewegungen des Individuums geben, wenn, wie Adler sagt, der Mensch einmal in den Maschen solcher Fiktion verstrickt ist, die Ausrichtung dieser Leitlinien an. Der Psychologe, der einen Menschen verstehen will, muß zu erkennen suchen, wohin die Leitlinien gehen, welcher Fiktion sie dienen. Jedes Individuum entwickelt seine eigene Taktik, um seinen Leitlinien folgen zu können, und entwickelt so seinen ›Lebensstil‹, der seinem Weltbild entspricht.

Mit der Einführung des Begriffs ›Lebensstil‹ in die Psychologie greift Adler auf eine Einsicht der Kunstgeschichte zurück. Für diese definiert Arnold Hauser: »Stil ist die ideelle Einheit eines aus lauter konkreten und disparaten Elementen bestehenden Ganzen ... Ein Stil ... kommt jedoch nicht bewußt und planmäßig zustande; er fällt nicht in das Bewußtsein der Individuen, deren Leistungen das Substrat seines Daseins bilden.« Der Begriff des Stils stellt »ein Ganzes dar, das im aristotelischen und phänomenologischen Sein ›vor‹ seinen Teilen gegeben ist«; er bedeutet »nicht eine Summe von Merkmalen, sondern die von vornherein gegebene Einheit und grundsätzliche Identität dieser Merkmale«.[8]

Die Verhaltensweise eines Individuums kann variieren (etwa zwischen Weichheit und Brutalität), und doch kann man hinter den Variationen denselben Lebensstil erkennen, so wie eine bekannte Melodie, wenn sie in anderer als der bereits gehörten Tonart gespielt wird. Die Töne haben sich verändert, aber ihr relatives Verhältnis zueinander und ihre Reihenfolge, die Melodie, bestehen fort.

Seinem Lebensstil gemäß verarbeitet der Mensch alle Ereignisse der Außenwelt und macht seine Wahrnehmungen. Kein Charakterzug, kein Verhalten, keine Tat, ja kein Traum und keine Erinnerung, die nicht vom Programm des Lebensplans geprägt sind, der sich im Lebensstil ausdrückt.

Wie aber kommt der Lebensstil zustande? Wie baut sich der Lebensplan, der ihm zugrunde liegt, auf, und wie entstehen seine Leitlinien? Woher die ›Daten‹, die in die ›Programmierung‹ eingehen?

[8] Arnold Hauser, *Philosophie der Kunstgeschichte*. München 1958, S. 229–234.

Konzept der Kompensation

a) *Organminderwertigkeit*

Zweige eines Obstbaums, die sonst gesund sind, jedoch eine örtliche Beschädigung der Rinde aufweisen, tragen reicher als andere. Manche Gärtner entfernen daher einen schmalen Ring von der Rinde. Meist schwillt dann im Laufe des Jahres die Rinde oberhalb der Wundstelle an, und im kommenden Jahr trägt der Zweig besonders reichlich. Anscheinend ist es die Eigenschaft der lebenden Substanz, an eine geschwächte Stelle im Interesse der Sicherung des Ganzen Kräfte zu senden, und dies so reichlich, daß oft mehr als ein bloßer Ausgleich erfolgt. Wilhelm Roux sprach daher schon 1881 von der ernährenden Wirkung des Reizes, und August Weismann wies darauf hin, daß Organe den gesteigerten Ansprüchen der Funktionen zu folgen vermögen, ein Verhalten, das Roux als ›funktionelle Anpassung‹ bezeichnet habe.[1] Eine ähnliche Beobachtung in der ärztlichen Praxis nahm Adler als Ausgangspunkt für die Beantwortung der Frage, wie der Lebensplan eines Menschen zustande komme.

Im Jahre 1907 veröffentlichte Alfred Adler seine *Studie über Minderwertigkeit von Organen*. Er wies darauf hin, daß die angeborene Minderwertigkeit von Organen die Erklärung für viele Erkrankungen abgebe, die gerade ein bestimmtes Organ überfielen, weil es der Ort des geringsten Widerstandes sei. Die Minderwertigkeit eines solchen Organs kommt der Krankheit entgegen. Nicht die Krankheit, sondern die Organschwäche vererbt sich und ist der Grund für das Auftreten derselben Krankheit innerhalb einer Familie. Die Minderwertigkeit kann sich in der Form oder in der Funktion des Organs manifestieren. Dieser Minderwertigkeit wird oft durch einen Wachstumsschub des Organs selbst entgegengearbeitet. Funktioniert das Organ so schlecht, daß es ausfällt, so kann unter Umständen ein anderes Organ die Funktion übernehmen.

Funktionelle Anomalien können aber auch durch Eingreifen des Zentralnervensystems überwunden werden und eine psychische Kompensation (Ausgleich) finden. Der kompensatorische (ausgleichende) Prozeß hat die Aufgabe, die funktionelle Einheit des Individuums unter den erschwerten Bedingungen eines minderwertigen Organs aufrechtzuerhalten. Es erhebt sich dann eine Art seelischer Überbau über der organischen Schwäche.

[1] August Weismann, *Vorträge über Deszendenztheorie*. 3. Aufl. 1913.

Dieser Vorgang gibt dem Psychischen stets ein besonderes Gepräge. »Das minderwertige Organ braucht länger, um zur normalen Funktion zu gelangen und macht dabei eine Anzahl Störungen durch, deren Überwindung nur auf dem Wege gesteigerter Hirnleistung gelingt.«[2] Solche Leistungssteigerung hinterläßt oft dauernde Spuren. Der ehemalige Bettnässer wird zum Reinlichkeitsfexen und Blasenathleten, das Kind mit unwillkürlichen Stuhlabgängen zum Hyperästheten. Oft werden auch mit der Befriedigung oder der Funktion dieses Organs besondere Lustgefühle verbunden. Ein minderwertiger Ernährungsapparat tendiert dazu, einen Überbau zu schaffen, in dem alle Beziehungen zum Erwerb, zur Aufnahme und Verdauung von Nahrung unter besonderer Reizbarkeit und Aufmerksamkeit stehen. »Der Nahrungstrieb wird so sehr vorherrschen, daß er in allen persönlichen und sozialen Beziehungen zum Ausdruck kommen kann, als Feinschmeckerei, als Erwerbseifer, als Sparsamkeit und Geiz usw.«[3] Der ursprünglichen Minderwertigkeit der Augen entspricht eine verstärkte Bedeutung des Visuellen. So wird die Ausrichtung des Lebensplans von der Ausgangslage, die minderwertige Organe schaffen, stark beeinflußt, aber die Verarbeitung, die der von ihnen ausgehende kompensatorische Drang im Lebensplan schließlich findet, wird von dessen Gesamtausrichtung wiederum beeinflußt.

b) *Herausforderung und Antwort*

Das besondere Interesse, das auf das minderwertige Organ gelenkt wird, die Aufmerksamkeit, die ihm zuteil wird, und die Anstrengungen, die vom Organismus gemacht werden, um seine Funktionsfähigkeit zu sichern, vermögen zu einer Überkompensation (Überausgleich) zu führen und ganz besondere Leistungen hervorzubringen. Adler verweist auf Grimms *Deutsche Mythologie*, nach der die Kindheit der meisten Sagenhelden durch einen Fehler beeinträchtigt ist – Blindheit, Taubheit, Einäugigkeit – und das Heldenhafte plötzlich als gleichsam zurückgehaltene Kraft hervorbricht.

Der Mensch mag sich der besonderen Aufmerksamkeit, die er einer Funktion zukommen läßt, nicht bewußt sein, er mag aber auch bewußt seine Schwäche durch Training zu überwinden trachten. Das klassische Beispiel hierfür ist Demosthenes, der kein L aussprechen konnte und mit Kieselsteinen im Munde so lange übte, bis er Griechenlands größter Redner wurde. Aber auch Moses hatte eine ›schwere Zunge‹, Mirabeau einen Zungenfehler und

[2] A. Adler, *Heilen und Bilden*, a.a.O., S. 45.
[3] Ebd., S. 47.

Camille Desmoulins, ebenfalls ein hinreißender Revolutionsredner, stotterte im gewöhnlichen Leben.

Gesichtserlebnisse erhalten besondere Bedeutung für Kinder mit schlechten Augen. Der Porträtmaler Lenbach hatte nur ein Auge, Manet war astigmatisch, Menzel stark kurzsichtig, Dürer schielte. Von Alphonse Daudet wird gesagt, daß er schon als Knabe durch eine bei seiner störenden Kurzsichtigkeit erstaunliche Beobachtungsgabe auffiel.

Gehörfehler können Musikalität fördern. Beethoven, Robert Franz und Smetana verloren das Gehör. Klara Schumann berichtet aus ihrer Jugend über Mängel der Hörfähigkeit. Adler verweist auf die degenerative Anlage der Ohren Mozarts und die Stigmatisierung des Ohres Bruckners durch einen Naevus.

Der Dichter Byron, der einen Klumpfuß hatte, war nicht nur in der Schule der beste Turner, sondern durchschwamm auch den Hellespont, und dieser Ruhm machte ihm mehr Freude als seine dichterischen Erfolge. Der an der Ferse verwundbare Achilles wurde ›der Schnellfüßige‹ genannt. Frank Budd, der Neger-Student, der mit einem 100-Yard-Weltrekord von 9,2 Sekunden in die Geschichte der Leichtathletik einging, hatte ein verkürztes Bein, ist aber nur einer von vielen Rekordhaltern mit einem Beinschaden.

Wenngleich der kompensatorische Prozeß nicht notwendigerweise zu so hochgetriebenen Leistungen führt, so war doch das Prinzip dieses Vorgangs Dichtern und Denkern nicht unbekannt. »Das Unzulängliche ist produktiv«, meinte Goethe. Aber erst Adler war es, der mit dem Konzept der Kompensation den vorherrschenden vulgär-darwinistischen Vorstellungen vom Überleben des Stärksten, von der Ausmerzung des Untauglichen und Schwachen entgegentrat.[4] Adler setzte an die Stelle dieser Vorstellungen die Lehre, daß die Anpassung an geänderte Lebensverhältnisse nicht in erster Linie im Kampf ums Dasein durch Überleben des zufällig Stärkeren vor sich ging, sondern auf der Grundlage der Variabilität und Wachstumstendenz minderwertiger Organe. Dafür, daß Schwäche als Antrieb zu ihrer Überwindung durch kompensatorische Leistung führen kann, ist im Grunde der Mensch selbst das beste Beispiel, der ja in der freien Natur ein minderwertiges Wesen ist, und nur mit Hilfe der seelisch-geistigen und sozialen Kompensation seine Machtstellung errang.[5]

So ist es nur logisch, daß auch die Theorie der Geschichte sich dieses Konzepts bemächtigte. Schon Karl Marx hatte geschrieben:

[4] Eine Doktordissertation über den Begriff der Kompensation nennt ihn »einen der grundlegendsten Begriffe der modernen Psychologie« und stellt aufgrund von Quellenforschung fest, daß »Adler die Einführung des Kompensationsbegriffes in die Neurosenpsychologie zuerkannt wird«. (David L. Hart, *Der tiefenspychologische Begriff der Kompensation.* Zürich 1956).

[5] A. Adler, *Menschenkenntnis,* a.a.O., S. 39f.

»Die schlechte Seite ist es, welche die Bewegung ins Leben ruft, welche die Geschichte macht, dadurch, daß sie den Kampf zeitigt.«[6] Aber erst Arnold J. Toynbee, der englische Historiker, sieht die menschliche Geschichte als einen Prozeß von Herausforderung (durch Umweltschwierigkeiten) und Antwort (durch zivilisatorische Leistung) – ›Challenge and Response‹. Das Gesetz der Kompensation beherrscht die Geschichte der Menschheit.

Die Kompensation aber gelingt keineswegs immer.[7] Adler schrieb: »Ich wurde regelmäßig und unerbittlich auf den Umstand hingewiesen, daß der Besitz hereditär minderwertiger Organe, Organsysteme und Drüsen mit innerer Sekretion für das Kind in den Anfängen seiner Entwicklung eine Position schaffe, in der das sonst normale Gefühl der Schwäche und Unselbständigkeit ganz ungeheuer vertieft wird und sich zu einem tief empfundenen Gefühl der Minderwertigkeit auswächst. Aus der verlangsamten oder fehlerhaften inadäquaten Einrichtung der minderwertigen Organe ergeben sich nämlich anfangs Zustände von Schwäche, Kränklichkeit, Plumpheit, Häßlichkeit ... Ungeschicklichkeit und eine große Anzahl von Kinderfehlern wie Augenblinzeln, Schielen, Linkshändigkeit, Hörstummheit, Stottern, Sprachfehler, Erbrechen, Bettnässen und Stuhlanomalien, derentwegen das Kind recht häufig Zurücksetzungen erfährt oder dem allgemeinen Spott oder der Strafe verfällt ...«[8]

Solche Reaktion der Umwelt vermag das Kind von den genannten kompensatorischen Anstrengungen abzuhalten. Was aber geschieht, fragt Adler, wenn die Kompensation nicht gelingt, wenn die kompensatorische Leistung auf halbem Wege steckenbleibt? »Aus dieser psychophysischen Relation muß sich naturgemäß ein Zustand hoher psychischer Spannung ergeben, der dazu führt, daß die Träger solcher Spannungen irgendwie gesteigerten Anforderungen nicht mehr gewachsen sind. Sie erleiden bei den geringsten Schwierigkeiten des menschlichen Lebens, bei Prüfungen, bei Schreck und Aufregung, bei allen Affekten unwillkürliche Harn- und Stuhlabgänge, fallen in einen jener Kinderfehler zurück, den sie mit Mühe verdrängt haben ... sie stottern, erbrechen, lachen, weinen, kratzen sich, raufen die Haare, fahren zusammen, sie blinzeln oder bekommen Nieskrämpfe bei heller Beleuchtung, schielen beim Nahesehen etc.«[9]

So wird also die Art und Weise, in der der Mensch die Gegebenheit ›Organminderwertigkeit‹ verarbeitet, das Schicksal seiner

[6] Karl Marx, *Das Elend der Philosophie*. 1847. ›Siebente und letzte Bemerkung‹.
[7] Hier kann vielleicht auch auf die Theorie der Anpassungskrankheiten (*diseases of adaptation*) hingewiesen werden, nach der ein Exzeß der kompensatorischen Antwort des Körpers zu einer Erkrankung führen kann. (H. Selye, *The stress of life*. New York 1956, S. 128f).
[8] A. Adler, *Praxis und Theorie der Individualpsychologie*, a. a. O., S. 35.
[9] A. Adler, *Studie über Minderwertigkeit von Organen*, a. a. O.

kompensatorischen Bemühungen, ihr Sieg oder ihre Niederlage, weitgehend von der Umwelt beeinflußt. Viel wird von den Bedingungen abhängen, unter denen er aufwächst. Eine Magen-Darm-Minderwertigkeit wird von einem Kind anders seelisch verarbeitet werden, das in einem mit Nahrung reichlich versehenen Haushalt aufwächst, wo ›Wert auf das Essen gelegt‹ wird, als von einem solchen, in dessen Familie ohnehin nicht genug Nahrung vorhanden ist. Die kompensatorischen Vorgänge bei Gehörminderwertigkeit werden in der Familie eines Schmiedes in andere Bahnen gelenkt werden als in einer Musikerfamilie. Sichtbare Fehler werden in unserem Kulturkreis bei einem Mädchen andere kompensatorische Bemühungen hervorrufen als bei einem Knaben. Überhaupt spielt die soziale Wertung eines organischen Mangels eine Rolle in der Entwicklung und im Verlauf des kompensatorischen Prozesses. Bei körperlichen Tatsachen kommt es, wie Adler sagt,[10] immer darauf an, wie sie der Träger auffaßt, aber die Auffassung wird ihm von der Umwelt nahegelegt.

Mit dieser Einsicht ist nun der Weg geöffnet zu der Frage, ob nicht andere Schwächen als die eines minderwertigen Organs einen solchen kompensatorischen Prozeß einleiten können, ob es nicht andere Herausforderungen gibt, auf die das Psychische antworten muß?

[10] A. Adler, *Das Problem der Homosexualität.* Leipzig 1930.

Die dynamischen Begriffe Minderwertigkeitsgefühl und Gemeinschaftsgefühl

a) *Das Unzulängliche*

Hatte Adler aus dem Schicksal minderwertiger Organe die produzierende Rolle des Unzulänglichen erfahren, und hatte er in der Entwicklung der gesamten Menschheit den Beweis für die grundlegende Bedeutung des kompensatorischen Prozesses gesehen, so konnte er nicht verfehlen, dessen Wirksamkeit auch in jedem einzelnen Menschenleben festzustellen. Die Unzulänglichkeit ist die Ausgangsposition jedes Menschen, beginnt doch seine Laufbahn in einem Zustand der Hilflosigkeit. Die natürliche Position der Schwäche des Kindes und die Abhängigkeit von seiner Umgebung führen es rasch zu einer ›sich vergleichenden‹ Beziehung zu dieser. Sein frühes Erlebnis ist, daß es nicht tun kann, was Erwachsene oder größere Kinder um es herum tun, seine Bewegungen sind der Versuch, ein Gefühl der Ohnmacht zu überwinden. »Jedes Kind ist dadurch, daß es in die Umgebung von Erwachsenen gesetzt ist, verleitet, sich als klein und schwach zu betrachten, sich als unzulänglich, minderwertig einzuschätzen.«[1]

Das Kind empfindet – ohne es begrifflich zu fassen –, daß seine Kleinheit Schwäche bedeutet. Den zu bewältigenden Umweltproblemen gegenüber wirkt Kleinsein wie eine Organschwäche. Das körperliche Ausgleichstreben drückt sich im Prozeß des Wachsens aus. Doch auch der seelische Prozeß zielt auf Überwindung der Schwäche hin. Schwäche als Unvermögen, Umweltprobleme zu bewältigen, führt zu einem Gefühl der Unsicherheit. Alles Lebendige aber strebt nach Sicherung. Alles, was diesem Streben entgegensteht, empfindet das Kind als unlustvollen Reiz und entwickelt demgegenüber Haltungen der Abwehr. Allem gegenüber, das seiner Sicherung dient, das es ›groß‹ erscheinen läßt, empfindet es Lust. In diesem Streben des Kindes nach Überwindung seines Schwächezustandes, das den Anreiz zur Entfaltung einer Menge von Fähigkeiten abgibt, liegt nach Adler seine Erziehbarkeit begründet.

Die natürliche Überlegenheit der Erwachsenen und ihre Widerspiegelung im Kinde als Übermacht wird dadurch verstärkt, daß sie Träger und Repräsentanten einer Gesellschaftsstruktur sind, die wesentlich eine Erwachsenenkultur ist, eine Kultur, in der wenig Platz für einen kindgemäßen Raum und eine Kindergemeinschaft ausgespart ist, in der dem Kind wenig schöpferische Tätig-

[1] A. Adler, *Menschenkenntnis*, a.a.O., S. 72.

keit zufällt, in der groß und klein Wertmaßstäbe sind und in der die natürliche Abhängigkeit durch soziale Gegebenheiten immer mehr verlängert wird. Das natürliche Unzulänglichkeitsempfinden vertieft sich so zu dem, was Adler Minderwertigkeitsgefühl[2] genannt hat. Gefühl ist ein schwer definierbarer Begriff. Vor allem aber ist das Empfinden, das das Wort ›Minderwertigkeitsgefühl‹ bezeichnen will, keine fest zu umreißende Erscheinung. Dieses Empfinden ist nicht meßbar und nicht isolierbar. Das Minderwertigkeitsgefühl wird nicht unmittelbar als solches wahrgenommen – erst zu einem späteren Zeitpunkt kann es in reflektierender Weise bewußt werden –, es ist vielmehr eine Gefühlslage, die entsteht, wo Angestrebtes nicht mit eigenen Kräften erreichbar zu sein scheint.

Spätestens, wenn das Kind ›ich‹ sagen lernt, wenn es anfängt, sich als eigenes Wesen gegenüber der Umwelt zu begreifen, fängt es an, sein Selbstwertgefühl zu entwickeln. In allen seinen Funktionen und Bewegungen zielt es auf Bewältigung der Umwelt, auf Sicherung und Wachstum ab. Es strebt vom Objektsein zum Subjektwerden. Wird es in diesem Streben behindert, so entsteht ein sein Selbstwertgefühl beeinträchtigendes Empfinden. Je stärker die Behinderungen sind, desto stärker wird das Gefühl der Unsicherheit und der Ohnmacht, desto schwächer das Selbstwertgefühl.Ein spannungsvoller Drang, aus dieser Position herauszukommen, entsteht, und eine Tendenz, sich mit anderen zu vergleichen und zu messen, wird entwickelt.

Je mehr das Kleinsein als Untensein empfunden wird, desto mehr wird der Wunsch, stärker zu werden, zum Wunsch, stärker als andere zu werden. Oben und unten werden zu den wesentlichen Kategorien der Vorstellungen. Schon bald nach seiner *Studie über die Minderwertigkeit von Organen* hatte Adler festgestellt,[3] daß aus dem Schwächegefühl des Kindes, d. h. aus einer Affektlage der Ängstlichkeit, der Unsicherheit, des Zweifels an den eigenen Fähigkeiten, der dialektische Umschlag in Wünsche

[2] An Stelle des Wortes ›Minderwertigkeitsgefühl‹ hat vielfach das Wort ›Minderwertigkeitskomplex‹ Anklang gefunden. Vielleicht weil das Wort ›Komplex‹ in der Psychoanalyse (wo es durch C. G. Jung eingeführt wurde) vielfach gebraucht wird, vielleicht weil es ›wissenschaftlicher‹ klingt als das Wort ›Gefühl‹, hat sich der Gebrauch von ›Minderwertigkeitskomplex‹ sowohl im Deutschen wie im Englischen eingebürgert. Adler kritisierte zunächst den Gebrauch des Wortes Komplex, weil es ihm zu sehr auf einen ›räumlichen‹ Begriff hinzuweisen schien, während Gefühl mehr den dynamischen Charakter anzeigte. Da aber in Amerika ›inferiority complex‹ so allgemein gebraucht wurde, benutzte Adler es schließlich, um eine besonders verfestigte Form des Minderwertigkeitsgefühls zu bezeichnen und ebenso für solche Fälle, in denen jemand sein Minderwertigkeitsgefühl als Entschuldigung benutzt.

[3] 1910 in seinem Vortrag über den Selbstmord in den *Diskussionen des Wiener Psychoanalytischen Vereins.* Wiesbaden 1910.

nach Obensein, Herrschaft, Geltung erfolgt, und dies um so mehr, je größer die dynamische Wirkung des Kontrastes ist.[4]

Es zeigt sich also sofort, daß Minderwertigkeitsgefühl ein dynamischer Begriff ist, der nicht für sich allein, sondern nur als Ausgangslage für ein kompensatorisches Streben gedacht und verstanden werden kann. Sehen wir im Minderwertigkeitsgefühl einerseits ein den Selbstwert verneinendes Empfinden, so ist es aber auch eine Gemütslage, aus der das Streben herauswächst, diese Verneinung zu verneinen. Worin die Überwindung dieser negativen Ausgangslage gesehen wird und mit welchen Mitteln sie angestrebt wird, ergibt sich aus der individuellen Situation. Die früh eingeübte Art und Weise, in der das Individuum auf das Minderwertigkeitsgefühl antwortet, verfestigt sich in seinem Lebensplan. Der gesunde Weg zur Überwindung der Unzulänglichkeit führt über Leistungen zur Stärkung des Selbstwertgefühls. Je mehr aber die Selbsteinschätzung gelitten hat und ein verstärktes Minderwertigkeitsgefühl die Ausgangslage ist und je mehr dieses Gefühl sich eingefressen hat, desto mehr wird der Mensch sein Interesse auf die Bestätigung des Selbstwertes um jeden Preis lenken, und der Preis, den er zahlt, kann sehr wohl auch der seines eigenen Wohlbefindens sein. Die Spannung zwischen dem Minderwertigkeitsgefühl und der kompensatorischen Zielsetzung ist eine Grundtatsache des menschlichen Lebens und begleitet den Menschen bis zu seinem letzten Tag. Diese Spannung kann sich immer wieder produktiv auflösen oder aber sich nagend immer weiter einfressen und zum Herd einer nicht zu bewältigenden Unruhe und dauernder mißglückender Kompensationsversuche werden.

b) *Logik des menschlichen Zusammenlebens*

Das Kind wird aber nicht nur in einen Gegensatz ›Klein–Groß‹ und ›Individuum–Umwelt‹ hineingestellt, sondern wird auch in einen ›Wir‹-Zusammenhang hineingeboren. Es tritt in die Welt als ein vergesellschaftetes Wesen. Die Daseinsform des Menschen ist das Zusammenleben. Die Gegebenheit ›menschliches Zusammenleben‹ ist daher der unvermeidliche Ausgangspunkt aller Interpretation menschlichen Verhaltens. Die Äußerungen des Menschen: Sprache, Gefühle, Denken, Verhalten sind nur begreifbar als Mittel der Verständigung oder als Stellungnahmen zu den Mitmenschen, als Antworten. Das, was Seelenleben genannt wird, ist nur verständlich als ein Kommunikationssystem in einem Netz von kommunikativen Beziehungen in Raum und Zeit.

[4] A. Adler, *Praxis und Theorie der Individualpsychologie*, a. a. O.

Kaiser Friedrich II., der eine Anzahl von Kindern von ihrer Umwelt isolierte, um herauszufinden, was des Menschen Ursprache sei, war der gröbste Repräsentant derer, die Wissen vom Menschen erhalten wollen, ohne die wesentliche, soziale Gegebenheit seiner Existenz in Betracht zu ziehen. Das Resultat seines Experiments war, daß alle Kinder starben, ohne je gesprochen zu haben.

Die unabänderliche Tatsache, daß der Mensch zu jedem Moment seines Lebens in ein Netz zwischenmenschlicher Beziehungen eingesponnen ist, kann in keinem Detail psychologischen Bemühens außer acht gelassen werden. Die individualpsychologische Menschenkenntnis hat es daher niemals mit einem isolierten Individuum zu tun.

Aus der vergesellschafteten Existenz leitet sich eine Reihe von unabdingbaren Bedürfnissen des Menschen ab. Der Verlust an Umweltbindung beinhaltet immer eine Bedrohung seiner Existenz. Irresein nennen wir einen Zustand, in dem die wesentlichen kommunikativen Fäden zwischen Mensch und Mitmenschen zerrissen sind.

Die Psychiater, die herausfanden, daß nicht nur die von jenem Monarchen verursachte Isolierung die menschliche Entwicklung hemmt, sondern daß auch sachgerechte Pflege eines kleinen Kindes bei gleichzeitigem Entzug von Zärtlichkeit ein ähnliches Resultat haben kann, ›entdeckten‹ damit nur ein aus der Logik des menschlichen Zusammenlebens sich ableitendes Bedürfnis des Menschen.[5]

Den Bedürfnissen aber entsprechen Anforderungen, die aus der Logik des menschlichen Zusammenlebens entstehen. Aus ihr entspringen auch die unabdingbaren Werte, so die Forderung nach Gerechtigkeit, die in keiner Gesellschaftsform fehlt. Der Verstoß gegen diese Logik bringt Störungen in der menschlichen Exi-

[5] Zärtlichkeit als Grundbedürfnis ist vor allem nachgewiesen worden durch René Spitz und Käte Wolf, ›Anaclitic Depression‹. In: *The psychoanalytic study of the child*, Vol. II, New York 1946. Inzwischen hat Lotte Schenk-Danziger, *Latente Reifung. Die kritische Zeitspanne bei mangelnder Übung*. Ber. 24. Kongreß. DGP Göttingen 1965, die Beobachtung hinzugefügt, daß solche Kinder, deren Grundbedürfnis nicht erfüllt wurde, falls sie sich dennoch entwickeln, sich im Schulalter als unverbesserliche Rohlinge erweisen und unfähig sind, sich in ein Gruppenleben einzufügen.

Ein Befund wie dieser illustriert den Adlerschen Begriff ›Logik des menschlichen Zusammenlebens‹. Mit ihm will Adler darauf hinweisen, daß aus der gegebenen Vergemeinschaftung des Menschen sich unabdingbare Forderungen ergeben. Sind gewisse Lebensbedingungen kosmischer, so andere sozialer Natur. (s. *Menschenkenntnis*, a.a.O., S. 38) Adlers Begriff dient also dazu, »die innere Notwendigkeit des Gegenstandes einzufangen«, etwas was Hegel von einer wissenschaftlichen Betrachtung verlangte. Im Sein des Wesens, so meinte Hegel, gilt es, jene logische Notwendigkeit zu erkennen, die das Vernünftige des organischen Ganzen, sein unmittelbares logisches Dasein ist.

stenz hervor, die Gegenstand psychotherapeutischer Bemühungen sind. Der Mensch, der gegen die Anforderungen des Zusammenlebens – gegen die wesentlichen Spielregeln – verstößt, der mit der Logik, die diesem Zusammenleben innewohnt, in Widerspruch gerät, bringt sich damit aus dem seelischen Gleichgewicht.

Es muß also vorausgesetzt werden, daß ein Potential der Beziehungsfähigkeit im Menschen angelegt ist, ohne dessen Entwicklung er nicht existieren kann. Adler geht davon aus, daß diese im Menschen angelegte Beziehungsfähigkeit sich in einem Gemeinschaftsgefühl reflektiert, das in den ersten Zärtlichkeitsbeziehungen zwischen Mutter und Kind Wirklichkeit wird und zu einem Zugehörigkeits- und Wir-Erlebnis führt.

Der Ausdruck ›Gemeinschaftsgefühl‹ hat sich nicht als sehr glücklich erwiesen, weil er zu leicht einen moralisierenden Klang annimmt. Als typisch deutscher Ausdruck hat das Wort bei der Übersetzung in andere Sprachen größte Schwierigkeiten hervorgerufen. Adler selbst hat auch das Wort ›Gemeinsinn‹[6] benutzt. Er wollte einen Ausdruck für die entwickelte Bereitschaft finden, der den Anforderungen des Zusammenlebens entspricht. Das Verständnis des Begriffes ergibt sich weniger aus einer Wortdefinition als aus einem Verstehen seiner Rolle im Denkzusammenhang der Individualpsychologie.

Die Stellung jedes einzelnen innerhalb der menschlichen Gesellschaft, sagt Adler, erfordert ein tiefes Gefühl für die Zusammenhänge des Lebens, demzufolge wir mehr oder weniger dunkel fühlen, was wir anderen schuldig sind. Er nennt es die der Logik des Zusammenlebens entsprechende schöpferische Einordnung, die keine konkrete Gemeinschaft betrifft, sich aber in solcher konkretisiert. Die Tatsache, daß wir der Logik des Zusammenlebens unterliegen, bedeutet, daß wir für die Beurteilung unserer selbst und anderer keinen anderen Maßstab haben als das Gemeinschaftsgefühl. Die Sprache und die Logik, unser Denken und Fühlen, ist nur begreiflich, wenn man Allgemeingültigkeit voraussetzt. Unsere Fähigkeit zur Vernunft, Logik, Ethik, Ästhetik entwickelt sich nur im Zusammenhang mit dem Gemeinschaftsgefühl. Was wir Gerechtigkeit nennen, ist nichts anderes als Erfüllung von Forderungen, die die Logik des Zusammenlebens an uns heranträgt. Jede Leistung erweist sich als solche nur durch ihren Wert für die Allgemeinheit und ist daher mit dem Gemeinschaftsgefühl verbunden. Kein vollsinniger Mensch kann ohne Betätigung des Gemeinschaftsgefühls aufwachsen. Es bedarf eines gewissen Kraftaufwandes, um dieses Gefühl zu drosseln, und niemand kann eine Handlung vornehmen, ohne daß er sich in irgendeiner Weise vor diesem Gefühl rechtfertigt, zumindest den Schein des Zusammenhanges mit ihm erwecken will. Es gibt daher etwas wie den

[6] A. Adler, *Das Problem der Homosexualität*, a. a. O.

Schein des Gemeinschaftsgefühls, der wie ein Schleier andere Tendenzen verdeckt.[7]

Zwischen dem Gemeinschaftsgefühl und dem Minderwertigkeitsgefühl aber besteht ein dynamischer Zusammenhang, wird doch die biologische Unzulänglichkeit des Menschen durch seine Vergesellschaftung kompensiert. Das der tiefen Hilflosigkeit des Kindes entspringende Sicherungsbedürfnis wird in der Gemeinschaft mit der Mutter befriedigt. Diese Gemeinschaftsbeziehung erfährt es, ehe es noch sein Ich zur Kenntnis nimmt. Versagt diese Beziehung, so leidet es Schaden, ja kann verloren sein. Jedes Gefühl, daß diese Beziehung nicht funktioniere, bringt in dem Kind die Urangst vor dem Verlorensein hervor, die sich in seinen ersten Träumen häufig spiegelt. In dieser ersten Gemeinschaftsbeziehung entwickeln sich Gemeinschaftsgefühl und Sicherheitsgefühl gleichzeitig. Je unvollkommener diese Beziehung, desto unvollkommener beide Gefühle. Werden dem Kind durch das Fehlen der Mutter oder durch ihr Versagen, durch Vernachlässigung oder durch Mangel an Liebe, nicht genügend Möglichkeiten zur Entwicklung der Anfänge eines Gemeinschaftsgefühls geboten und wird sein Sicherungsbedürfnis nicht befriedigt, so entsteht nicht nur eine Gefühlslage der Angst und Unsicherheit, sondern es wird auch die Entwicklung der Kräfte des eben werdenden Selbst gefährdet. Ohnehin stößt das Kind, das sein Selbst zu betätigen und zu bestätigen beginnt, auf seine Unzulänglichkeit.

Hier wird das Schicksal vorbereitet, hier beginnt die Biographie. Wird sich das Schwächegefühl des Kindes durch das Eingebettetsein in seine Umgebung und durch das Mitleben in ihr vermindern? Wird ihm das Zugehörigkeitsgefühl und die Erfahrung von Hilfsbereitschaft Mut machen, sein Selbstwertgefühl zu entwickeln? Oder wird sein Schwächegefühl ständig wachgehalten, so daß das Kind sich gegen die Seinen zur Geltung bringen muß?

Je weniger Gemeinschaftsgefühl das Kind erfährt, desto unsicherer wird es, je unsicherer es wird, desto aggressiver wird es. So entsteht eine Spannung zwischen dem ursprünglichen Gemeinschaftsgefühl und den zur Durchsetzung des Selbstwertgefühls unternommenen Anstrengungen.

Es handelt sich bei der Entwicklung des Gemeinschaftsgefühls nicht nur um Beziehungsfähigkeit. Gemeinschaftsgefühl ist nicht in erster Linie auf ein einzelnes Du bezogen, sondern auf eine transindividuelle Totalität; es ist die psychische Grundlage aller kollektiven Verbindlichkeit. Gewiß, bei einem Menschen mit schlecht entwickeltem Gemeinschaftsgefühl ist die Kontaktfähigkeit gestört, aber die Haltung zur Gemeinschaft wird nicht nur in der unmittelbaren Kontaktnahme mit Menschen auf die Probe gestellt, sondern erweist sich in jedem Tun und Denken, es stellt

[7] A. Adler, *Menschenkenntnis*, a.a.O., S. 152.

sich in einer Art Grundhaltung dem Leben gegenüber dar. Es drückt sich im gesunden Menschenverstand aus, der im Englischen soviel besser ›common sense‹ genannt wird.

Das ursprüngliche Gemeinschaftserlebnis fällt zusammen mit einem Gefühl des Geborgenseins, das Sicherheit gewährt. Je mehr aber das Individuum sein Selbst entwickelt, desto mehr muß es sich aus dem Zustand der bloßen Geborgenheit entfernen und Verantwortung auf sich nehmen. Verantwortung ist aber niemals bloße Selbstverantwortung, weil vom Tun auch die Umwelt immer betroffen wird. Je größer aber das Sicherheits- und Selbstwertgefühl ist, desto größer ist die Bereitschaft, Verantwortung zu tragen.

Das entwickelte Gemeinschaftsgefühl erweist sich im Verantwortungsbewußtsein, dem die unausgesprochene Bereitschaft, das Seinige zu tun, unterliegt.

Die Schwierigkeit, den Adlerschen Begriff zu verstehen, liegt darin, daß das Verhalten, in dem Gemeinschaftsgefühl sich ausdrückt, sich zwar in einer gegebenen sozialen Situation, in der der Mensch sich befindet, abspielt, daß aber mit Gemeinschaft keine bestehende Form der Gesellschaft oder deren Institution gemeint ist, sondern daß Gemeinschaft immer ›sub specie aeternitatis‹, d. h. unter dem Gesichtswinkel der Ewigkeit gedacht werden muß. Gemeinschaft ist nie etwas Gegebenes, sondern immer etwas, das es zu verwirklichen gilt.

Dialektische Charakterkunde

a) *Charakter als lebensgeschichtlicher Begriff*

Frühere psychologische Versuche, die sich damit befaßten, die Psyche in Funktionen wie Willen, Aufmerksamkeit, Fühlen, Denken zu zerlegen, konnten den Aufbau des menschlichen Charakters nicht recht verständlich machen. Sie betrieben Charakterologie wesentlich durch Aufstellung von Charaktertypen, ohne ihren Sinn deuten zu können. Aber auch das Verständlichmachen mancher Charakterzüge durch ihre Ableitung von einem autonomen Prozeß in den Schicksalen von Teiltrieben, die dann vom Ich übernommen und verarbeitet werden, konnte nicht befriedigen und als das letzte Wort angesehen werden. Es bedurfte des Prinzips der Einheit der Persönlichkeit, um eine umfassende Charakterkunde zu ermöglichen.[1] Verstehen wir unter Charakter eine Grundtendenz des individuellen Verhaltens, die sich immer wieder in allen Äußerungen erkennen läßt, die charakteristisch für das Individuum ist, so ist es die Aufgabe der Charakterkunde, das Entstehen dieser Tendenz und die ›charakteristische‹ Prägung aller Äußerungen verständlich zu machen.

Es ist aber auch das Prinzip der individualpsychologischen Methode, den Menschen überall als ›tätiges Wesen‹ zu betrachten, so daß sie ihn im Gegensatz zu jeglicher Milieutheorie nicht bloß als Objekt umweltlicher Wirkungen betrachtet, sondern ihn zur selben Zeit, da sie diese Wirkungen in Betracht zieht, als Subjekt in den Umweltbeziehungen sieht. Die Individualpsychologie konzentriert daher ihre Aufmerksamkeit nicht auf solche verdinglichten Begriffe wie Anlagen und Triebe, sondern vielmehr auf den Menschen als Produzenten seines Charakters. In anderen Worten, die Individualpsychologie eröffnet den Weg zu einer Charakterologie, in der der Charakter nicht bloß etwas Objektives, sozusagen vom Individuum unabhängig Gegenständliches ist. Der Charakter kann verstanden werden als eine geronnene Reaktionsweise auf die Anforderungen der Umwelt, als ein Antwortsystem. Im Re-agieren aber steckt Agieren und das Antworten setzt den Antwortenden in die Position des Subjektes.

Die Charakterzüge wiederum erscheinen nur sinnvoll, wenn das Individuum als Teil seiner Umwelt verstanden wird, wenn erkannt wird, worauf sie eine Antwort darstellen. Alle Versuche,

[1] Adler hat darauf verwiesen, daß Ludwig Klages in seiner Charakterologie ebenfalls von der Einheit der Person ausging.

Charakterzüge auf eine biologische Grundlage zurückzuführen, haben immer nur gespenstische und fremde Mächte im Menschen wirksam erscheinen lassen. Sobald aber der Charakter als eingeübte Stellungnahme des Individuums zu den Gegebenheiten seines Lebens – zu denen auch seine körperliche Konstitution gehört – begriffen wird, verwandeln sich alle statischen, dinghaften Begriffe in dynamische, der Fetischcharakter und die Dinghaftigkeit der Anlagen, Triebe und Charakterzüge in ebenso viele Formen menschlicher Stellungnahme. Die vermeintliche Naturgesetzlichkeit erscheint hier als Produkt der Lebensgeschichte. Hinter den Trieben und Charakterzügen erscheinen die Interessen und Zwecke der Person. Interessen und Zwecke aber ergeben sich aus einer Umweltbeziehung, sind nur in ihr und auf sie bezogen sinnvoll.

Charakter ist ein sozialer Begriff. Wir können, meint Adler, von einem Charakterzug nur mit Rücksicht auf den Zusammenhang eines Menschen mit seiner Umwelt sprechen.[2] Die individuellen Besonderheiten des Charakters ergeben sich aus der einmaligen Situation, in der sich jedes Individuum in Raum und Zeit an seinem Knüpfpunkt des Netzes menschlicher Beziehungen befindet. Seine Ähnlichkeit mit anderen Charakteren – die als Nationalcharakter, Berufscharakter, Familiencharakter und so fort bezeichnet wird – ergibt sich aus denjenigen Umweltgegebenheiten, die das Individuum mit anderen teilt. Immer aber werden Charakterzüge nur als auf die Zukunft gerichtete Vorkehrungs- und Sicherungsmaßnahmen des Individuums aus seiner ureigentlichen Lebensgeschichte heraus verständlich werden.

b) *Charakterzüge sind Kampfbereitschaften*

Klein, schwach, unorientiert, hilflos tritt der Mensch das Leben an. In jeder Weise gegenüber den Erwachsenen benachteiligt, empfindet das Kind ein Unsicherheitsgefühl. Es strebt nach Sicherheit. ›Groß werden‹ wird zu seinem Wunschziel. ›Groß sein‹ bedeutet, in der Lage zu sein, einen Gegenstand zu nehmen, eine Tür zu öffnen, den Umkreis seiner Bewegung zu erweitern, sich viele Wünsche zu erfüllen. Aber nicht nur sein ›Kleinsein‹, sondern auch Gebot und Verbot schränken seine Bewegungslust ein und versagen ihm, sich spontane Wünsche zu erfüllen. Klein und groß werden auf diese Weise schnell zu Begriffen von oben und unten, von Macht und Ohnmacht. Frühzeitig aber lernt das Kind, daß man der Wunscherfüllung nachhelfen kann. Die rein biologischen Reaktionen, das Schreien bei Hunger, Unbehagen, Schmerz er-

[2] A. Adler, *Über den nervösen Charakter.* Frankfurt a.M. 1972 (Fischer Taschenbuch Bd. 6174).

weisen sich als ein Mittel, das dazu benutzt werden kann, durch Herbeirufen der Erwachsenen zusätzliche Sicherung und zusätzliche Lusterfüllung zu erreichen. Die biologische Reaktion wird ›umfinalisiert‹ (Fritz Künkel) in ein zweckdienliches Verhalten. Mit der Zeit werden andere zweckdienliche Verhaltensweisen ausprobiert: trotzige oder weinerliche, bockige oder lammhafte. Gleichzeitig aber operiert das Kind ständig, um seine Fähigkeiten zu entwickeln und sein Selbstgefühl durch sein Tun zu erhöhen.

In allem, was es tut, stößt das Kind auf das Verhalten seiner Umwelt. Tritt man ihm mit autoritärem Erziehungsanspruch, mit Befehlen, Drohungen und Strafen entgegen, so wird die Umwelt rasch zum Kriegsschauplatz. Abwehrmaßnahmen werden ausgebildet, Mittel gesucht, die zum Siege führen. Verstärkt sich der zur Erzwingung des Gehorsams ausgeübte Druck, so entwickeln sich beim Kind weitere und verstärkte Protestmanifestationen, Züge des Trotzes vertiefen sich. Geht dieser Druck über ein gewisses Maß hinaus, werden die Niederlagen des Kindes zu häufig, so wird auf die Taktik des Hinterhaltes verwiesen; der Rückzug wird angetreten, aufsässiges weicht heimtückischem Verhalten. Viele Kinder machen die Erfahrung, daß sich die Position der Schwäche durch deren Steigerung nutzen läßt. Das Kind betont seine Schwäche, wird unterwürfig, überzärtlich, bettelhaft, weist auf seine Krankheit oder Organschwäche hin, verlängert Krankheitssituationen. Kurzum es lernt, andere in seinen Dienst zu stellen. Innerlich aber entwickelt es Träume von Größe und Heldentaten. Es könnte alles tun, gäbe es nur nicht den Vater, die Bevorzugung der Geschwister, die älteren Brüder. Aber auch eine Organminderwertigkeit, für die das Kind Spott erleidet oder die ihm Niederlagen im Umgang mit seinesgleichen einbringt, kann zur Entwicklung eines Ausredesystems führen. Was könnte es leisten, wäre es nicht häßlich, müßte es nicht eine Brille tragen! Organminderwertigkeit kann gleichzeitig der Strategie der Schwäche und dem Protest dienstbar gemacht werden. Eine Organsprache wird entwickelt, am Tage ist das Kind brav, aber nachts näßt es ein. Handelt es sich um eine Schwäche des Verdauungstraktes, so erbricht es, wenn die Familie ausgehen will.

Das Minderwertigkeitsgefühl, das eine autoritäre Umgebung hervorruft, kann auch durch Verzärtelung geschaffen werden. Werden dem Kinde Schwierigkeiten erspart, erhält es alles umsonst, werden ihm die Türen immer geöffnet, so werden seine Fähigkeiten sich nicht entwickeln können oder es wird anspruchsvoll statt leistungsbewußt. Wird *alles* getan, um ein defektes Organ zu pflegen, so wird nicht das Organ, sondern das Minderwertigkeitsgefühl gepflegt. Handelt es sich um eine Magen-Darm-Schwäche, so wird das Essen zur heiligen Prozedur. Bisweilen wird das sachliche Ziel alles Tuns umstrukturiert. Es heißt, iß mir zuliebe, oder tue dies, weil ich dich lieb habe oder weil du mich liebst. Der Zug der Unsachlichkeit hat hier einen Ausgangspunkt.[3]

Da das Unzulänglichkeitsempfinden des Kindes sich durch die wachsende Abhängigkeit von der Bezugsperson verschärft und durch die Herrschaft, die es über diese ausübt, kompensiert wird, erfüllt sich sein ganzes Wesen mit Angst, wenn die Bezugsperson sich entfernt oder von anderen Personen in Anspruch genommen wird. In Schreckträumen der Nacht bricht diese Angst hervor, um durch den Schrei die Bezugsperson herbeizurufen. Alleinsein wird zum Schrecken und die Angst zum Arrangement, das die Stimmung schafft, in der Gespenster und Einbrecher gefürchtet und vermutet werden. Dem Kind dient dies zur Rechtfertigung für das Verlangen, nicht allein gelassen zu werden. Die Angst ist Mittel zum Zweck geworden.

Das verzärtelte Kind ist immer schwach und muß daher herrschen – zumeist über die Mutter. Es hängt sich an die Mutter, und seine Anhänglichkeit ist zugleich Tyrannei. Den Ödipuskomplex, den Freud in der Analyse der Erwachsenen zu finden glaubte, führt Adler auf den Anspruch des verzärtelten Kindes auf die Mutter zurück, er drückt die Eifersucht auf jeden – den Vater vor allem – aus, der die Mutter beansprucht. Besitzwut und Eifersucht drücken sich auch im Sexualjargon aus. Aber schon der Ödipus der Sage erschlägt nicht deshalb den Vater und heiratet die Mutter, weil er mit der Mutter zu schlafen wünscht, sondern weil er König werden will.

c) *Charakter-Schablonen*

Die im Kindesalter entwickelten Verhaltensweisen schlagen sich als Leitlinien für das Leben nieder. Oft geübte Arrangements werden schließlich automatisch gehandhabt. Eine Art Schablone entsteht, in die alle neuen Erfahrungen eingeordnet werden. Diese Schablone aber hat viele Ausdrucksmöglichkeiten, die sich in der Auseinandersetzung des heranwachsenden Individuums mit der gesamten vom gegebenen Kulturbereich bestimmten Umwelt bilden. Hier ist vor allem das Geschlecht des Kindes ausschlaggebend. Im übertragenen Sinne kann in der maskulin gefärbten

[3] In diesem Zusammenhang mag an eine Stelle im 18. Kapitel von Stendhals *Lucien Leuwen* erinnert sein:
»Au Sacré-Cœur, une religieuse qui s'était emparée de son esprit en caressant tous ses petits caprices d'enfance, lui faisait remplir tous ses devoirs avec une sorte de religion par ces simples mots: ›Faites cela par amitié pour moi.‹ Car c'est une impiété, une témérité menant au protestantisme, que de dire à une petite fille: ›Faites telle chose parce qu'elle est raisonnable.‹ Faites cela par amitié pour moi répond à tout, et ne conduit pas à examiner ce qui est raisonnable ou non.«

Kultur die weibliche Geschlechtszugehörigkeit als Organminderwertigkeit eingestuft werden. Wie oft ertönt nicht bei der Geburt der Ruf: ›nur ein Mädchen‹. Eine Reihe von Verhaltensweisen werden dem Mädchen als ihm ›gemäß‹ aufgedrängt. Beim Vergleich mit der männlichen Umgebung entsteht im Mädchen das Gefühl, zu kurz gekommen zu sein. Auf den Weg des ›Sich-Vergleichens‹ getrieben, entwickelt sich bei ihm nur zu leicht ein verstärktes Minderwertigkeitsgefühl, das durch die Entwicklung der sog. weiblichen Charaktereigenschaften kompensiert wird, wenn es nicht etwa zur Verwerfung der weiblichen Rolle kommt.

Wo dem Jungen Selbständigkeit, Selbstvertrauen, Mut, Selbstbeherrschung, Intelligenz zugestanden werden, verweist man das Mädchen auf Bescheidenheit, Fleiß, Sittsamkeit, Sanftmut. Wird der Junge, der lügt, vom Vater schwer betraft, hört das Mädchen ›Weiber nehmen es nie so genau mit der Wahrheit‹. So wird es verständlich, daß das Mädchen diese Schablonen annimmt, sie ausbaut und unter ihrer Maske sich zur Geltung zu bringen sucht. Unter Betonung von Jugend – oft sogar Infantilität – und Schönheit werden Charaktertypen wie die von Alice Rühle-Gerstel genannten entwickelt: die Ideale, die Barmherzige, das Kindweib, die Prinzessin, die Liebesgöttin.[4]

Möglich aber ist auch, daß sich das Mädchen im Protest gegen die weibliche Schablone durchsetzen will; dann entwickelt es eine Leitlinie, die Adler den ›männlichen Protest‹ genannt hat. Tüchtigkeit und Schlauheit mögen dann als Züge hervortreten, aber auch Überspanntheit bis zur Ablehnung der weiblichen Sexualrolle.

In der männlich betonten Kultur wird der Gegensatz männlich–weiblich dem Schema ›oben und unten‹ zugeordnet. So entsteht der ›männliche Protest‹ auch als Kompensation eines starken Minderwertigkeitsgefühls beim männlichen Kind, das ein Überlegenheitsstreben entwickelt, indem es seine Männlichkeit betont. Es sucht sich in seiner Umgebung ein Leitbild des ›männlichen‹ Mannes zur Nachahmung.

Die allgemeine Betonung der Männlichkeit, die Anforderungen, die aus dem Männlichkeits-Ideal entspringen, können aber auch zu einer Entmutigung des Knaben führen, ihn dazu bringen, sich aus der männlichen Rolle zurückzuziehen. Ein Rückzug, der dann von den Erwachsenen durch die Bemerkung ›du benimmst dich wie ein Mädchen‹ bestätigt wird. Knaben, die unter vielen Mädchen oder unter der Herrschaft von Frauen aufwachsen, finden oft die weibliche Rolle als nützliches Arrangement.

Die Schablone des Mißtrauens prägt den Charakter von Kindern, die frühzeitig lieblose Behandlung oder Vernachlässigung erfahren. Sie fühlen sich immer in Feindesland.

[4] Alice Rühle-Gerstel, *Das Frauenproblem der Gegenwart.* Leipzig 1932.

Wie Verzärtelung, so kann auch Überforderung die Entwicklung von Fähigkeiten beeinträchtigen. Die Angst, die falsche Antwort zu geben und sich zu blamieren, kann zur Denkhemmung führen. Dummheit ist nach Adler eine Angelegenheit des Charakters, nicht des Intellekts. Das Kind, das man für unbegabt hält, hat das Arrangement gefunden, das es vor der Überforderung rettet. Söhne ehrgeiziger Väter können mancherlei Symptome entwickeln, die sie vor zu hochgestellten Anforderungen schützen. Wer stottert, wird seltener gefragt. Das Hervortreten gewisser organischer Schwächen erlaubt den Rückzug aus sportlicher Aktivität.

Eine schlechte ökonomische Situation der Familie oder ihr niedriger sozialer Status können auf das Selbstwertgefühl des Kindes einen drückenden Einfluß haben und es dazu bringen, die Feindseligkeit der Umwelt mit Abwehr- und Angriffshaltungen zu beantworten. Häufig erfahren Kinder in solchen Familien eine besonders strenge und autoritäre Erziehung, weil die Eltern wollen, daß die Kinder etwas Besseres werden, oder weil der Vater, der außerhalb des Heims ›unten‹ ist, hier ›oben‹ sein will. Wünsche nach Geltungs- und Lustgewinn können dann so stark werden, daß sie außerhalb der Familie in der Kinder- und Jugendbande verwirklicht werden. In solcher schlechten sozialen Ausgangslage kann Verzärtelung wiederum zu Wehleidigkeit führen, Armut und niedrige Herkunft werden zu Ausredesystemen. Der Persönlichkeitsgewinn wird in Racheakten gesucht und das Überlegenheitsgefühl durch die Entwertung dessen, was man nicht hat – etwa Wissen, Bildung, gutes Benehmen –, erreicht.

Im Aufbau des Charakters aber spielt nicht nur die Beziehung des Kindes zu den Eltern eine Rolle, sondern auch seine Stellung in der Geschwisterreihe.

Der Typus des Jüngsten ist in Märchen, Mythen und in der Folklore oft hervorgehoben worden. Der Letzte will der Erste werden, als der kleinste muß er aufholen. Er ist es, der die Siebenmeilenstiefel anzieht und den Riesen erlegt.

Das Erstgeborene ist vielfach ein weit ausgeglichener Charakter. Es ist ermutigt durch das Gefühl, größer, stärker, klüger zu sein. Ihm werden Aufgaben in Vertretung der Eltern zugewiesen. So entwickelt das älteste Kind häufig die Charakterzüge des Hüters der Ordnung und nimmt eine mehr konservative Haltung an.

Das Zweitgeborene wiederum zeigt in vielen Fällen das Bestreben, den Vordermann zu überflügeln, und liebt es, sich mit Größeren zu messen. Es entwickelt das Bedürfnis nach einem Gegenspieler, damit es seine Fähigkeiten entwickeln kann. Drängen jüngere Kinder nach, so kann dieses Streben nach dem ›Sich-Messen‹ ruhelos und nervös werden und möglicherweise zum Rückzug in die Position des Neiders führen.

Möglich ist aber auch ein Rollentausch. Das älteste Kind kann entmutigt abdanken, ein anderes Kind übernimmt seine Rolle. Die Stellung eines einzigen Mädchens unter Jungen oder eines einzigen Jungen unter Mädchen vermag das Selbstwertgefühl zu vermindern und das Geltungsstreben auf Schleichwege zu verweisen.

Bekanntlich nimmt das Einzelkind eine Sonderstellung ein. Leicht verzärtelt und verwöhnt, entwickelt es Anspruch auf die Aufmerksamkeit anderer. In seinen frühen Jahren nur auf die Eltern bezogen, bleibt es schüchtern und hat Schwierigkeiten, aus sich herauszugehen.

Ein Nachprüfen der angeblichen Beobachtung aber, daß verschiedene Menschen unter gleichen Bedingungen entgegengesetzte Charaktere entwickelt haben, ergibt meistens, daß die Bedingungen eben doch nicht dieselben waren. Tatsächlich ist jede Lebensgeschichte individuell. Die Gegebenheiten, mit denen sich jedes Individuum auseinanderzusetzen hat, sind so mannigfaltig, daß sich niemals alle Glieder einer Ursachenkette für eine Charakterbildung zusammenstellen lassen. Deshalb läßt sich auch kein bestimmter Menschentyp züchten. Ein Versuch, aus einem Kind mit der Minderwertigkeit des Gehörapparates einen Beethoven zu machen, würde höchstwahrscheinlich ein überfordertes und entmutigtes Individuum hervorbringen.

d) *Ausdruck und Deutung*

Indem Adler die Entstehung der Charakterzüge als zweckdienliche Arrangements aufweist, hat er den Schlüssel zu einer Charakterkunde geliefert, ohne sich dabei um die Aufstellung und Abgrenzung bestimmter Charaktertypen zu bemühen. Die Redewendung, daß jemand Charakterzüge ›entwickelt‹, bestätigt er. Die Charakterzüge sind des falschen Scheins der Selbständigkeit entkleidet und wieder in die Einheit der Persönlichkeit zurückgeführt. Die Gegebenheiten der körperlichen und familialen Ausgangspositionen und der sozialen und kulturellen Wirkungskreise provozieren Antworten des seiner eigenen Position zustrebenden heranwachsenden Menschen, die schließlich, wenn genügend eingeübt, für ihn charakteristisch werden.

Nur zu haufig fixieren sich die Schablonen, die der Mensch in der Kindheit zur Prägung seiner Charakterzüge benutzt hat, so sehr, daß er immer wieder in Analogie zur Kindheitssituation handelt. Er benimmt sich so, als ob es darauf ankäme, den älteren Bruder auszustechen, die Aufmerksamkeit des Vaters auf sich zu lenken, so, als ob die geschwächte Gesundheit eine Ausnahmebehandlung legitimiere usw.

Mit dem Schema, mit dem er die Welt in sich aufzunehmen gelernt hat, tritt der Mensch in diese ein und ›*macht*‹ entsprechend seinem Schema seine Erfahrungen. Aus diesem Grund macht er häufig dieselbe Erfahrung, nämlich jene, die die Erwartung (das Schema) bestätigt. Etwa: Wenn man nicht die Ellbogen benutzt, kommt man nicht vorwärts. Oder: Es hat keinen Zweck, sich zu bemühen. Besser man kümmert sich um nichts, es wird einem nicht gedankt. Immer kommt einem einer zuvor. Alle Frauen (alle Männer) sind gleich. Man kann den Frauen (den Männern) nicht trauen; usw.

Was immer die Maximen eines Lebensplans sein mögen, sie bestätigen sich. So akkumuliert sich der Schatz der Erfahrungen.

Das Gedächtnis behält das, was in das Apperzeptionsschema des Menschen paßt, es ist tendenziös. In seinen Erinnerungen findet der Mensch immer das Material, das sich zur Bestätigung seines Lebensplans benutzen läßt. Es ist, sagt Adler, als ob alle Erinnerungen eine unbewußte Endabsicht in sich trügen. »Das habe ich getan, sagt mein Gedächtnis. Das kann ich nicht getan haben, sagt mein Stolz und bleibt unerbittlich. Endlich gibt mein Gedächtnis nach.« (Nietzsche)

Manches ist nach Jahren in unserem Gedächtnis frisch wie am ersten Tag, anderes nach drei Tagen ›vergessen‹, aber es kann uns wieder einfallen, wenn es nötig ist. Die ›erste‹ Kindheitserinnerung ist deshalb für den Therapeuten, der etwas über den Lebensplan des Patienten wissen will, so bedeutsam, weil gerade sie ›auserwählt‹ wurde, um behalten zu werden. Dabei hat diese ›erste‹ Erinnerung keineswegs immer einen Wahrheitsgehalt, sie hat sich oft erst nachträglich im Dienste des Lebensplans und zu seiner Rechtfertigung gebildet.

So wie die Erinnerungen, so stehen auch Phantasien, Vorstellungen und Träume des Menschen im Dienste der Sicherung seines Lebensplans und reflektieren die Grundlagen der Persönlichkeit.

Träume haben seit Urzeiten die Aufmerksamkeit der Menschen erregt und spielen in Sagen, Mythen, Religionen und Dichtungen eine Rolle.[5] Es fiel Adler auf, daß sich bis auf den heutigen Tag die Neigung erhalten hat, den Träumen eine bestimmte Bedeutung für die Zukunft beizumessen, was kaum zufällig sein kann. Offensichtlich erfolgt im Traum ein Vorausfühlen, eine Stellungnahme zu bevorstehendem Tun und Lassen. Der Traum verstärkt anscheinend Affekte und Stimmungen für bevorstehende Aufgaben und Absichten. In irgendeiner Weise wird der Traum immer die Richtung angeben, in der der Mensch sich bewegt.[6]

Der Traum gibt eine Bewegungslinie in Symbolen wieder, die

[5] Wie sehr Menschenkenner sich der Bedeutung des Traumes bewußt waren, zeigt z. B. einer der Aphorismen von Georg Christoph Lichtenberg (1742–1799): »Aus den Träumen der Menschen, wenn sie dieselben genau anzeigten, ließe sich vielleicht vieles auf ihren Charakter schließen. Es gehört aber dazu nicht etwa einer, sondern eine ziemliche Menge.«

[6] A. Adler, *Menschenkenntnis*, a. a. O., S. 63.

wesentlich die Spannung zwischen dem Unsicherheits- und Minderwertigkeitsgefühl einerseits und dem Streben nach Sicherung andererseits durch ein Nachobenkommen andeuten. Sexualträume symbolisieren oft nur oben und unten und In-Besitz-Nehmen. Zur Lösung einer schwebenden Frage klingen einfachere, abstraktere, kindlichere Gleichnisse an, als es die Bilder der Gegenwart sein könnten. So wird etwa eine drohende Entscheidung durch eine bevorstehende Schulprüfung ersetzt, ein starker Gegner durch einen älteren Bruder, der Gedanke an einen Sieg durch einen Flug in die Höhe, eine Gefahr durch einen Abgrund oder einen Fall. Affekte, die in den Traum hineinspielen, stammen immer aus der seelischen Vorbereitung für ein bevorstehendes Problem.[7]

Die Leitlinien des Verhaltens kommen aber auch in allen Bewegungen zum Ausdruck, in der Körperhaltung, im Gang, in der Handschrift, im Blick, in der Atmung und Blutzirkulation, in der Schlafhaltung. Ein Mensch ist weniger gekennzeichnet durch sein Gesicht als durch die Art, wie er es trägt. Adler wurde nicht müde zu betonen, daß das, was der Mensch sagt, weniger über ihn aussage als das, was seine Bewegungen verraten.

Die Beziehungen des Menschen zur Umwelt drücken sich in seinen Organen und durch sie aus, er spricht mit ihr im ›Organdialekt‹. Er kann den mutigen Draufgänger spielen, aber sein Herzklopfen spricht von seiner Furcht. Er hält sich über Ärger erhaben, aber sein Magen oder Darm zeigt den Ärger an.[8]

[7] A. Adler, *Praxis und Theorie der Individualpsychologie*, a. a. O.

[8] Carl Gustav Carus (1789–1869), Arzt und Künstler der Romantik, meinte, wir haben nicht Herzklopfen, weil wir Furcht haben, sondern Herzklopfen ist Furchthaben. (*Psyche. Zur Entwicklungsgeschichte der Seele.*)

Der nervöse Charakter

a) *Nervosität des Alltags*

Unzulänglichkeit ist die ursprüngliche Situation jedes Menschen, die in ihm das Gefühl der Unsicherheit und das Streben nach Sicherung hervorruft. Sicherheit wächst mit dem Selbstvertrauen. So sucht das Gefühl der Unzulänglichkeit seine Kompensation im Streben nach verstärktem Selbstwert. Bildlich mag man sich dies als ein Streben von einem Punkt unterhalb der Sicherheitslinie zu dieser hinauf vorstellen. Hat sich aber das allgemeine Unzulänglichkeitsgefühl zu einem ausgesprochenen Minderwertigkeitsgefühl verstärkt, dann ist das Sicherungsstreben so stark, daß das Ich über-kompensatorische Anstrengungen unternimmt: Um Selbstvertrauen zu erlangen, muß es sich anderen überlegen zeigen. Der Sprung aus der größeren Tiefe führt über die Sicherungslinie hinaus. Je stärker das Minderwertigkeitsgefühl ist, desto höher liegt das Ziel des kompensatorischen Strebens. Zwischen der Ausgangslage und dem fiktiven Ziel entsteht ein Spannungsbogen. Raskolnikov schwankt zwischen dem Gefühl, eine Laus zu sein, und dem Wunsch, Napoleon zu werden. Nachdem er sich davon überzeugt hat, daß er Napoleon gleich sei, glaubt er sich zum Mord berechtigt. Je stärker das Streben nach Überlegenheit ist, desto größer ist die Gefahr, mit der Logik des menschlichen Zusammenlebens in Konflikt zu geraten.

Die Spannung zwischen dem Gefühl, unten zu sein, und dem Wunsch, oben zu sein, äußert sich als Unruhe, durch die die Beziehungen eines Menschen zur Umwelt gestört werden.

Adler glaubte, die Maxime aufstellen zu können, »Menschsein heißt Minderwertigkeitsgefühle haben«, was besagen will, daß bei keinem Menschen der *ideale* Ausgleich des ursprünglichen Unzulänglichkeitsgefühls erfolgt und daß in jedem Menschen eine gehörige Portion Unsicherheitsempfinden und daher ein Antrieb zum Streben nach Überlegenheit vorhanden bleibt. Daraus ergab sich die logische Folgerung, daß bei den Nervösen keine Charakterzüge vorhanden sind, die nicht auch bei den ›Normalen‹ nachzuweisen wären.[1]

Überhaupt kennt die Individualpsychologie den Typ des ›Normalen‹ nicht. Was als ›krankhaft‹ empfunden wird, sind nur besonders einseitig entwickelte und starre Züge des allgemeinen Charakters. Die Leitlinien werden aber um so entschiedener in den

[1] A. Adler, *Über den nervösen Charakter*, a.a.O., S. 35.

Lebensplan eingebaut, je geringer die Selbsteinschätzung und das Selbstvertrauen sind. So wird, was einmal große Vorsicht sein kann, ein andermal zur Hypochondrie. Aus Sparsamkeit wird Geiz. Wissensdrang wird zur Gier des Alles-Wissens, zur Neugier und vielleicht zum Sammelzwang. Aus Ordnungsliebe wird Pedanterie. Aus Ehrlichkeit wird Wahrheitsfanatismus; – daß man jemandem ›bittere Wahrheiten‹ sagen kann, entdeckt schon das ›enfant terrible‹.

Der Nervöse ist immer unterwegs nach der Bestätigung seines Selbstwertes. Alles scheint sich dem entgegenzustellen; darum ist er gezwungen, sich durchzusetzen. Hierbei entstehen Erregungen, die sich auch in körperlichen Symptomen zeigen, in Verdauungs- und Atmungsschwierigkeiten, in Herzklopfen, Sehstörungen, Ohrensausen, Kopfschmerzen, Gesichtszucken und anderen Ticks. Damit wird aber auch die Nervosität gleichzeitig zum Entschuldigungssystem. Vor allem werden die Konflikte mit der Umwelt, die sich zwangsläufig aus dem Streben nach Überlegenheit ergeben, auf Nervosität zurückgeführt. Andererseits aber werden die Konflikte mit der Umwelt – die Schuld liegt bei den anderen – für die Nervosität verantwortlich gemacht; wären die anderen verträglich, so brauchte man nicht nervös zu sein.

Oft erweist es sich als notwendig, das Gefühl der Unsicherheit zu übertönen, es wird auf den Tisch geschlagen oder laut geschrien. Da der Nervöse stets auf einem Kampfplatz steht, ist er mißtrauisch.

Bringt das Überlegenheitsstreben Erfolg, wird eine Machtposition erreicht, so bleibt der Nervöse nervös, d. h. er produziert Gefühle, die Wächter seiner Position sein sollen. Mitarbeiter erscheinen als Konkurrenten. Er arbeitet lieber das doppelte Pensum, als daß er jemanden neben sich duldet. Er entwertet die Mitarbeiter, daher muß er alles allein machen, und die Folge – so behauptet er – ist seine Nervosität. So erweist sich die Alltags-Nervosität als eine aus der Unsicherheit heraus produzierte Äußerung der Tendenz, andere auszuschalten, zu entwerten, zu beherrschen und sich nach oben zu bringen.[2]

Der Nervöse hat ein Apperzeptionsschema, das nach Analogie des Gegensatzes aufgebaut ist. Er führt die Kämpfe der Kindheit fort – gegen den Vater, gegen den älteren Bruder, gegen den Lehrer. Er ist immer dabei, sich zu vergleichen und zu messen. Die Kampfposition des Nervösen, die ihm von Kindheit an die Richtung weist, spiegelt sich wider in seiner Überempfindlichkeit gegen die Verpflichtungen des Zusammenlebens und in seinem Bestreben, sich isoliert der ganzen Welt gegenüberzustellen.

[2] H. Jacoby, ›Die Nervosität des Alltags‹, in: *Internationale Zeitschrift für Individualpsychologie*, VII. Jahrgang, S. 269–275.

Die Konzentration des nervösen Charakters auf sich selbst, seine Ichhaftigkeit, zeigt sich besonders in der Tendenz, andere zu entlarven; die psychologischen Terminologien können dabei zum Hilfsmittel werden. Viele Rollen, wie die des Büßers, des Demütigen und des Frommen, bezwecken nur darzutun: Ich bin besser als andere.

Die Tendenz, andere als Mittel zu benutzen und in den Dienst zu stellen, läßt sich meist in die Kindheit zurückverfolgen, wo die Mutter, die Großmutter oder Kinderfrau zweckdienlich ausgenutzt wurden. Sie zeigt sich besonders bei Menschen, die gelernt haben, aus ihrer Schwäche Nutzen zu ziehen. Der Wille zur Macht erscheint in vielen Masken, stellte Nietzsche fest. Hilflosigkeit und Unterwerfung mögen seine Mittel sein, aber auch Fürsorge und Aufopferung für andere können dazu dienen, diese untertan zu machen. Bekannt ist auch, daß schwache und milde, stets nachgiebige Menschen bei passender Gelegenheit Grausamkeiten verüben können.

Von Kindheit an Verwöhnte finden die Welt schlecht, in der sie nicht erhalten, was sie wünschen. Sie erklären ihre Nervosität damit, daß sie ihre Wünsche unterdrücken müssen. Sie wenden sich leicht Ansichten zu, denen zufolge diese Welt zum Untergang verurteilt ist. Sie sind in allem ungeduldig, auch insofern, als sie nicht abwarten können, daß die Welt ihre Meinung annimmt.

Dem nervösen Charakter geht es weniger um die Leistung als um die Geltung, die er aus ihr bezieht. »Der Wille zum Schein« (Nietzsche) ist stark entwickelt. Der Schein der Geltung kann mit Hilfe der Phantasie und der Tagträume aufrechterhalten werden. Der Nervöse, der in die Phantasie eingesponnen ist und immer in der Zukunft lebt, in der er seine Triumphe feiern wird, ist ›zerstreut‹.[3] In der Gegenwart weicht er der Niederlage aus, indem er Entscheidungen hinausschiebt, zu spät kommt, krank wird, unter dem Zwang leidet, sich Vergnügungen hingeben zu müssen. Er hat auch Unglück, Unfälle stellen sich im ›unrechten Augenblick‹ ein. So wird er reizbar. Der reizbare Mensch leidet viel unter der ›Tücke des Objekts‹. Selbst die Dinge sind gegen ihn. Wenn Eile geboten ist, rollt der Manschettenknopf in die äußerste Ecke. Dostojewskis ›Idiot‹ zerschlägt unweigerlich die kostbare Vase, vor deren Zerbrechlichkeit man ihn gewarnt hat. Vielleicht ist der Reizbare zaghaft. Riskiert er aber nichts, so wird er Niederlagen erleiden. Erleidet er Niederlagen, so wird er noch zaghafter und ängstlicher – es eröffnet sich ein ›Teufelskreis‹ (Fritz Künkel). Angst vor dem Versagen führt zu Schlaflosigkeit, und Schlaflosigkeit wird zum angeblichen Grund des Versagens und zur Entschuldigung.

Die ›Lebenslüge‹ kann schließlich unentbehrlich werden: Ich

[3] A. Adler, *Über den nervösen Charakter*, a. a. O., S. 50.

bin nun einmal so. Alles wäre anders, wäre ich nicht häßlich, nicht mit Defekten geboren, hätte mein Vater mich etwas lernen lassen, hätte meine Mutter mich nicht verzärtelt, wäre ich nicht immer das Aschenbrödel gewesen.

Die ›Lebenslüge‹ erweist sich als einer jener Kunstgriffe, die es erlauben, sich von Verantwortung zurückzuziehen, ohne an Selbstwert zu verlieren. Die Entwertung der Welt rechtfertigt den Rückzug ebenfalls.

Je ›ichhafter‹ ein Mensch infolge der Angst um sein Ich wird, desto leichter ist er gekränkt. Diese Empfindlichkeit führt zu größerer Selbstgerechtigkeit, kann aber auch zu Rache und Zerstörung führen. Diese kann sich gegen ihn selbst richten nach dem Motto: Es geschieht meinem Vater ganz recht, daß ich mir die Finger erfriere, warum kauft er mir keine Handschuhe. Viele Selbstmorde geschehen aus dem unbewußten Bedürfnis nach Rache an einer Bezugsperson.

Der nervöse Charakter ist keineswegs immer auf dem Rückzug. Seine aggressiven Tendenzen sind nicht notwendigerweise hinterhältig. Da gibt es die Geltungsmenschen im eigentlichen Sinne – Streber, Karrieremacher –, die oft das Bild eines ausgewogenen Menschen abgeben, weil sie aufgrund ihrer materiellen Erfolge eine Position in der Gesellschaft haben. Bei einem Fehlschlag ihrer auf Ehrgeiz aufgebauten Leistung aber brechen sie zusammen. Ihr Geltungsanspruch war größer als ihre Leistung. So kommt es zur großen Enttäuschung, zu krankhafter Verbitterung und oft zu einem selbstmörderischen Kurzschluß. Dabei erscheinen solche Leute oft sehr kontaktfähig; wenn sie aber dem Nächstbesten wohlwollend auf die Schulter schlagen, deuten sie nur ihren Willen zur Überlegenheit an, sie ›überwältigen‹ ihn mit Freundlichkeit.

Alle diese Haltungen, die einem quälenden Minderwertigkeitsgefühl und dem Versuch, es durch ein Streben nach Überlegenheit auszugleichen, entspringen, ›entsachlichen‹ die Handlungen. Vor das aus der Sache selbst sich ergebende Ziel tritt der ichbezogene, private Zweck. Die Handlung vollzieht sich, als ob es darauf ankäme, der erste zu sein, einen anderen zu überflügeln oder zu blamieren oder von ihm Hilfe zu erlangen. Mit solcher Zielsetzung, einem Verhalten also, dem die Welt bloßes Material für die eigene Erhöhung ist, gerät das Individuum in Widerspruch zur umspannenden Logik des menschlichen Zusammenlebens. Der sachliche Charakter erlebt sich als Teil eines Bezugssystems, der unsachliche Charakter ist auf sich selbst gerichtet und wird keiner Sache gerecht. Das wirkt sich aus in den drei wesentlichen Bezugssystemen, in denen das menschliche Leben sich abspielt: in der Arbeit, im Verhältnis zum Mitmenschen und in den sexuellen Beziehungen.

b) *Erotischer Rückzug*

Erotik nimmt die Form an, die zum Lebensstil des Individuums innerhalb einer bestimmten Situation gehört.[4] Es ist nicht die sexuelle Triebhaftigkeit oder die ›Quantität der Libido‹[5], die die Stellung der Erotik im Lebensplan bestimmt, sondern aus der Einstellung zum Leben leitet sich das sexuelle Erleben ab. Der Mensch begegnet ihm mit seinem allgemeinen Apperzeptionsschema. Die nervösen Charakterzüge erweisen sich auch hier im Konflikt mit den immanenten Anforderungen, mit den jedem Liebesverhältnis immanenten Anforderungen; auch hier werden die sachlichen, d. h. aus den Gegebenheiten des mitmenschlichen Daseins entspringenden Ziele umfinalisiert und dem Überlegenheitsstreben dienlich gemacht. Ja, gerade auf dem Gebiet der erotischen Beziehungen werden Bestätigungen des Selbstwertes gesucht, die anderswo nicht erreicht worden sind, und wird Lustgewinn als Ausgleich für Niederlagen auf anderen Schlachtfeldern des Lebens angestrebt. Vielfach wird der Sexualtrieb schon in seiner ersten Funktionsbereitschaft als Beweis des Erwachsenseins und als Protestmittel gegen eine entmutigende Umwelt eingesetzt.

Die Probleme der sexuellen Beziehungen können aber nur verständlich werden, wenn bedacht wird, daß den ersten Regungen des Sexualgefühls bereits die Prägung der begrifflichen Kategorien durch die ›Männerkultur‹ vorausgegangen ist. Alles, was sich auf Mann und Weib bezieht, wird in die in der frühen Kindheit entstandene Schablone eingepaßt. Die Beziehung zum anderen Geschlecht verbindet sich mit Vorstellungen von Oben- und Untensein, wird auf Sieg und Niederlage ausgerichtet und dementsprechend mit Angst vorm Untensein und Furcht vor Blamage unterbaut.

Die männliche Potenz speziell wird mit einer besonderen Wertung versehen (»den magenkranken Mann mag man bedauern, den impotenten Mann verachtet man«, Erwin Wexberg). So wird das heranwachsende männliche Individuum frühzeitig von Potenzangst ergriffen, die sich mit dem Bewußtsein von der beschränkten Potenzfähigkeit des Mannes verbindet. Auf dieser Angst und dem von den biologischen Gegebenheiten abgeleiteten sexuellen Minderwertigkeitsgefühl des Mannes der Frau gegenüber erhebt sich als Überbau das ›Bedürfnis‹ nach erotischen Siegen, und dies desto mehr, je stärker die Furcht vor dem Versagen ist. Max Brod hat nicht zu Unrecht in einer Kurzgeschichte Don Juan als impotent dargestellt – Potenzunsicherheit bringt den Drang hervor, sich durch Eroberungen zu beweisen.

[4] A. Adler, *Das Problem der Homosexualität*, a. a. O.

[5] S. Freud, *Eine Schwierigkeit der Psychoanalyse.* GW, Bd. XII, S. 4: »Daß es von der Quantität der Libido ... abhängt, ob ein Mensch an einer Neurose erkrankt.«

Die männliche Unsicherheit und Potenzangst kann aber auch zum Rückzug veranlassen. Die Frau wird entwertet, eine Tendenz, die seit dem Ende der Mutterrechts-Gesellschaft besteht. Zeugnis davon geben die gelehrten Disputationen mittelalterlicher Kleriker darüber, ob die Frau eine Seele habe oder ob sie ein Mensch sei, die Furcht vor Hexen und Vampiren ebenso wie die Philosophien der Schopenhauer, Nietzsche, Strindberg, Weininger einschließlich der Auffassungen von Psychologen des 20. Jahrhunderts.[6] Aber nicht nur die Entwertung der Frau, auch ihre Idealisierung – die ›Erhöhung des Objektes‹ – kann dazu dienen, die Entscheidung hinauszuschieben und eine Distanz zwischen Mann und Frau zu legen.[7]

Entsprechend wächst das weibliche Individuum unter dem Druck der Idee heran, Frau-sein bedeutet Unten-sein. Hiergegen bildet sich der ›männliche Protest‹ der Frau, d. h. die Auflehnung gegen die Frauenrolle. Diese Auflehnung kann sich ebenso als Frigidität wie als Nymphomanie äußern. Sie kann auch dahin führen, daß die Sexualität weitgehend entwertet und beruflichem Ehrgeiz untergeordnet oder die Frauenrolle völlig abgelehnt wird.

Alle Arten von Rückzug aus der Geschlechtsrolle verbinden sich häufig mit Zwangsmasturbation, die dazu dient, sich selbst Potenz und erotische Empfindungsfähigkeit zu beweisen, das andere Geschlecht zu entwerten, den Partner aus der Wirklichkeit in die Phantasie zu verlegen und die Distanz zum anderen Geschlecht zu vergrößern.

Jede Perversion ist Ausdruck einer vergrößerten seelischen Distanz zwischen Mann und Frau.[8] In der Homosexualität wird diese Distanz absolut. In ihr drückt sich sowohl die Entwertung des normal zu erwartenden Partners aus[9] als die Angst vor der normalen Rolle. Was als körperliche Eigenart den Eindruck der Andersgeschlechtlichkeit erweckt, stellt sich immer nur als Produkt eines Trainings heraus.[10]

Homosexualität des Mannes ist im wesentlichen Resultat frühzeitigen Verzagens gegenüber der von der Kultur gezeichneten Männerrolle. Verzärtelte Kinder, die obendrein im Zweifel über ihr Geschlecht gelassen oder mädchenähnlich aufgezogen worden sind, sind zum Verzagen prädestiniert. Söhne einer herrschsüchtigen Mutter lernen die männliche Rolle als minderwertig anzusehen. Der aktive Typ des männlichen Homosexuellen ist häufig ein besonders ›männlicher‹ Mann, der vielleicht gerade deswegen

[6] »Die Liebe zur Sache ist eine männliche Prärogative.« C. G. Jung, *Die Frau in Europa*. Zürich 1929.

[7] A. Adler, *Das Problem der Homosexualität*, a. a. O.

[8] Ebd.

[9] Ebd.

[10] In diesem Abschnitt wurden Formulierungen herangezogen aus: Otto und Alice Rühle, *Sexual Analyse*. Rudolstadt 1929.

der Angst, die Männlichkeit beweisen zu müssen, unterlegen ist, der den Rückzug angetreten hat und seine Überlegenheit dadurch beweist, daß er Männer unter sich bringt. Die Tatsache des Rückzuges von der Männerrolle wird übertönt von der Ideologie einer besonderen Männlichkeit des Mannes im Männerbund.

Die Frau, die Männerkleidung anlegt, männliches Gebaren annimmt, flieht die Frauenrolle, weil sie ihr zu gering erscheint, weil sie nicht unten sein will, weil sie die Rolle spielen will, die die Kultur der Gegenwart dem Mann zuschreibt. Ihre lesbische Geliebte aber, die auf Zärtlichkeit und Schwäche trainiert ist, hat sich die Distanz zum Mann durch die Vorstellung von seinem brutalen Wesen geschaffen – vielleicht ließ sich die Mutter, aber nicht der Vater, durch ihre Schwächearrangements beherrschen. Beider Training erlaubt ihnen den Rückzug aus der Rolle der Frau. Impotenz liegt ebenfalls auf der Linie des Rückzuges. Sie entspringt der Furcht vor der Blamage, die besonders Menschen mit auch sonst zögernder Haltung entwickeln, die jeder Entscheidung ausweichen, die gegen sie fallen könnte.[11] Wie sich einem aus Furcht ›das Herz zusammenkrampft‹, so auch das sexuelle Organ. Onanie ist oft mit Impotenz eng verbunden. Sie erfolgt häufig nach Niederlagen als ausgleichender Lustgewinn, dem Erlebnis der Impotenz läßt sie die Feststellung der Potenzmöglichkeit folgen. Gleichzeitig entwertet sie den Partner, vergrößert die Distanz, zeigt die Möglichkeit einer Rückzugslinie an, und je zwanghafter sie wird, desto mehr kann sie auch als Entschuldigung dienen – ohne den Zwang zur Onanie gäbe es vielleicht die Impotenz gar nicht.

Impotenz ist aber praktisch die Basis aller Perversionen, die alle auf verminderter Kontaktfähigkeit beruhen. Es ergibt sich dabei immer, daß die sexuellen Sonderbarkeiten mit der Eigenart der Gesamtpersönlichkeit übereinstimmen.[12]

Sadismus, Masochismus, Fetischismus sind Erscheinungen, die auf tiefer Entmutigung beruhen und mit eingefressenen Machtwünschen zusammenhängen. Sie stellen einen Rückzug von den zwischenmenschlichen Beziehungen dar, sie verdinglichen den Partner oder heben ihn beim Fetischismus überhaupt auf und ersetzen ihn durch Dinge. In der Erotisierung der Gewalt und der Dinge liegt die vergrößerte Distanz nicht nur zum andern Geschlecht, sondern zur Gemeinschaft überhaupt. Das Gegensatzpaar Sadismus–Masochismus beweist einmal mehr, daß ein Überlegenheitsgefühl sowohl aus der ausübenden Gewalt wie aus der Geste des Leidens bezogen werden kann. Immer aber wird Lustgewinn ohne eigenen Beitrag und ohne Verantwortung gesucht, nie aber eine wirkliche Befriedigung erreicht.

[11] Ebd.
[12] Ebd.

Alles sexuelle Verhalten, das den Partner nur als Mittel zum Lustgewinn will, führt zu einer Verdinglichung der Beziehung, die auch den Lustgewinn vermindern muß. Die Kundschaft der Prostitution, die ein Objekt sucht, findet die Prostituierte, die ihren Körper bis zur Organstumpfheit zu verdinglichen vermocht hat.

So sehen wir, daß der nervöse Charakter die Tendenz, sein starres Apperzeptionsschema in alle zwischenmenschlichen Beziehungen zu tragen, sich auch auf die erotischen Beziehungen ausdehnt und sie zum Kampfplatz macht, auf dem die Sexualfunktion zweckdienlich eingesetzt wird. Vorstellungen von oben und unten, bewältigen und unterwerfen, erobern und flüchten überlagern die Erotik. Aber wie auf jedem Kampfplatz bleiben auch hier die Ängste – Ängste, die Potenz- und Orgasmusstörungen hervorrufen.

All dies gilt nicht weniger für die ›normalen‹ Beziehungen der Geschlechter, als es für die ihrer Rolle entfremdeten gilt. Die ›Dressate‹ (Fritz Künkel), mit denen die Menschen aufwachsen, verweisen sie in ihren erotischen Beziehungen auf die Haltung von Jägern und Fallenstellern. Partnerwahl steht unter der Motivation der Erhöhung des Selbstwertgefühls. Für Kooperation fehlt das Training. Die Zunahme der Verzärtelung in der Erziehung, das Fehlen des produktiven Erlebnisses und der Forderung nach Verantwortlichkeit sowie die Einstellung auf Erhalten und Haben in der Kindheit führen zunehmend zu der Erwartung von kostenlosem Lustgewinn. In zwischenmenschlichen Beziehungen aber, pflegte Adler zu sagen, gibt es nichts umsonst.

In dieser Atmosphäre labilen Selbstwertgefühls und mangelnder Kooperationsbereitschaft wird die Quantität zum Ziel; weil das bohrende Minderwertigkeitsgefühl bleibt, tritt die Befriedigung nicht ein. Versuche, dies durch andere Formen der Beziehungen zu erreichen, ändern daran nichts. Die kindliche Erwartung, daß der Lustgewinn geschenkt wird, schlägt fehl.

Nur zu häufig erfolgt auch die Partnerwahl aus der Analogie der Kindheitssituation heraus. Sie erfolgt im Hinblick auf die Bezugsperson der Kindheit. Entweder soll der Partner einem Elternteil ähneln oder ihm entgegengesetzt sein. Das heißt, entweder wird dieselbe Schutzhaltung vom Partner verlangt, die die frühkindliche Bezugsperson einnahm – der Partner soll also genau wie jene dienstbar gemacht werden –, oder aber die Wahl erfolgt in Protesthaltung. Scheitern solche Beziehungen, die aus Analogien gebaut sind, weil sie zu sehr Objektbeziehungen sind, so ist es nicht verwunderlich, daß der oder die Betreffende sich wiederum denselben Typ als Partner auswählt wie zuvor. Die fixierte Schablone und die angestrebten Zwecke sind ja dieselben geblieben.

Frühzeitig auf das Gebiet des Sexuellen als einen Tummelplatz für Geltungsbestrebungen und einen Kampfplatz für Überlegenheitsgewinn verwiesen, neigt der Nervöse dazu, das ganze Leben unter dem vereinfachten Gleichnis der Sexualität zu erfassen. Oben und unten verkörpern sich ihm im Gegensatz männlich – weiblich und werden durch sexuelle Symbole ausgedrückt.

c) *Flucht in die Neurose und private Vernunft*

Die seelischen Erkrankungen, die unter dem Begriff ›Neurose‹ zusammengefaßt sind, werden von der Individualpsychologie nicht als episodische Erscheinung, als plötzlich auf Grund eines Ereignisses ausbrechende Leiden begriffen, sondern als aus dem nervösen Charakter resultierend. Ein besonderes Ereignis kann nur als der zufällige Anlaß angesehen werden, der die Symptome zutage treten läßt. Hier wird nur eine Brücke überschritten, und es fällt der Tropfen, der das Faß zum Überlaufen bringt.

»Logik, Ästhetik, Liebe, Mitmenschlichkeit, Mitarbeit und Sprache entstammen der Notwendigkeit des menschlichen Zusammenlebens. Gegen sie richtet sich automatisch die Haltung des zur Isolierung strebenden, machtlüsternen Nervösen.«[13]

Neurotische Erkrankungen sind nicht Krankheiten im naturwissenschaftlichen Sinne, sondern Verhaltensweisen, die einen verstärkten Rückzug vor den Anforderungen des Lebens bedeuten: zunehmende Erweiterung der Phantasie auf Kosten des Wirklichkeitsbewußtseins. Bestimmte Einbildungen werden zu fixen Ideen, die Rückzugslinien rechtfertigen. Körperliche Erregungen oder Hemmungen begleiten als sog. ›Organsprache‹ die Fluchtbewegung.

Die Abwendung von der Realität führt zum Bruch der Verbindungen mit der Allgemeinheit.

Die Neurose ist eine Abwendung von der Logik des menschlichen Zusammenlebens nicht nur in dem Sinne, daß der Neurotiker sich den Spielregeln der Allgemeinheit entzieht, sondern auch darin, daß er seiner eigenen Logik folgt, die, nur seinen Zwecken dienend, der Umwelt unverständlich und irrational erscheint, gegen *ihre* Logik verstößt.

Die Neurose ist ein Zustand, in dem die Phantasiegebilde sich so verfestigen, daß sie die Wirklichkeit verblassen lassen: Diese erscheint dem Neurotiker mehr und mehr nur unter einer ichhaften Interpretation. In seiner Phantasie erhöht sich der Mensch. Er sieht sich gleichsam in einem Zauberspiegel, der das erwünschte Bild zurückstrahlt. Entsprechend sieht er die übrige Welt verkleinert und häßlich, was ihm wiederum die Rechtfertigung dafür liefert, sich nach Möglichkeit aus ihr zurückzuziehen. Der eigentliche Grund dieses Rückzugs ist die sich ständig steigernde Angst

[13] A. Adler, *Praxis und Theorie der Individualpsychologie*, a. a. O., S. 41.

vor dem Verlust des Selbstwertes und vor der Niederlage. Kommt schließlich das Gefühl auf, als sei beides bereits eingetreten, so ist das Resultat ein Dauerzustand der Melancholie.

Der Umwelt erscheint solches Verhalten unvernünftig. Aber der Nervöse – und mehr noch der Neurotiker – folgt einer ›privaten Vernunft‹. Private Vernunft wird im Grunde schon dort vorgebildet, wo Funktionen entsachlicht, wo von Kindern Handlungen ›einer Person zuliebe‹ verlangt werden. Sie zeigt sich z. B. auch da, wo erotische Beziehungen den Geltungswünschen angepaßt und untergeordnet werden. Sie tritt in allem unsachlichen Verhalten auf.

Beim Neurotiker ruft ein vertieftes Minderwertigkeitsgefühl ein besonders starkes Streben nach Überlegenheit hervor, zugleich aber auch die Angst, in diesem Streben zu scheitern. Er sucht daher ständig nach Sicherung gegen den Fehlschlag. Sein Benehmen, das der Umgebung so unvernünftig und unlogisch erscheint, kann als durchaus vernünftig gelten, wenn es unter dem Gesichtspunkt seiner privaten Zwecke und nicht vom Standpunkt der allgemeinen Vernunft aus betrachtet wird.

Die beim Neurotiker so verstärkt auftretende ›private Vernunft‹ – ein Begriff, der für die Individualpsychologie größte Wichtigkeit erlangte – ist in der Sozialphilosophie ›subjektive Vernunft‹ genannt worden. Von ihr wird gesagt, daß sie mit der Ausbildung einer eigenen Logik, mit der Verselbständigung des Subjekts, seiner Distanzierung von der Welt im Widerspruch zu jener umspannenden, dem Objekt und Subjekt gleichermaßen eigenen Vernunft entsteht. Vernunft wird hier vom Subjekt als ein Instrument benutzt, mit dessen Hilfe ihm die Umwelt zum Mittel wird.[14]

Alle Voraussetzungen für das Auftreten von ›privater Vernunft‹, der Verselbständigung des eigenen Ich und seiner Zwecke und der Distanzierung von der Umwelt treten in der neurotischen Persönlichkeit nur verstärkt auf; neurotische Charakterzüge sind mehr oder minder bei jedem zu finden.

Die ›private Vernunft‹, die ein Ausdruck der Ichbezogenheit des Individuums ist, drückt sich auch darin aus, daß dieses die Umwelt stets daran erinnert, was sie ihm schuldig sei. Der Neurotiker wehrt sich immer gegen Verpflichtungen. Bei ihm ist, wie Adler

14 Siehe hierzu Max Horkheimer, *Zum Begriff der Vernunft.* Frankfurt a. M. 1952. Festgestellt hat man die Existenz der ›privaten Vernunft‹ auch früher schon. So liest man in J. Moreau, *Du Hachisch et de l'Aliénation Mentale – Etudes Psychologiques.* Paris 1845: »Ein Narr täuscht sich nicht. Er handelt jedoch intellektuell in einer Sphäre, die sich von der unseren wesentlich unterscheidet ... Locke hat irgendwo gesagt mit Bezug auf die Wahnvorstellungen der Irren: Nachdem sie einmal ihre Phantasien für sich selbst zur Wirklichkeit gemacht haben mit Hilfe ihrer Einbildungskraft, ziehen sie daraus durchaus vernünftige Schlüsse.«

aufzeigt, der Begriff des Zwanges ungeheuer erweitert.[15] Das hängt zusammen mit dem Denken in starren Gegensätzen, das dem Neurotiker eigen ist. Vor ihm steht ständig die Entscheidung zwischen oben und unten, die durch das Empfinden, neben einem Abgrund zu stehen, symbolisiert werden kann.

Das Handeln des Neurotikers wird am besten begriffen, meint Adler, wenn man es von einer ›Fiktion‹ (Vaihinger) bestimmt sieht. Der Neurotiker glaubt, daß er so handeln müsse, als ob er in Feindesland stünde oder als ob er verloren wäre, wenn er nicht eine Rückzugslinie findet. Überhaupt taucht das kindliche Gefühl des Verlorenseins bei ihm wieder auf, wie auch sonst das neurotische Empfinden Rückgriffe auf die Kindheitslage zeigt, die sich besonders in Arrangements ausdrücken, die auf Gewinn von Mitleid und Anerkennung ausgehen. Arrangements, die eben auch nur folgerichtig in Hinblick auf ihre subjektiven Zwecke sind.

Das Überlegenheitsstreben endet aber nie, die ihm zugrunde liegende Unsicherheit bleibt, und so bleibt die Angst vor der Niederlage. Es handelt sich bei dieser Angst nicht um eine Furcht vor etwas Konkretem, sondern um eine allgemeine Grundstimmung.

Die Angst wird aber auch zum Herrschaftsmittel, es wird u. U. ein Nebengewinn aus ihr gezogen. Nur zu häufig führt die Lebensangst des Neurotikers zum Rückzug in den engeren Kreis der Familie, wo die Gefahren geringer sind und wo Anerkennung leichter zu erreichen ist, wo aber auch die Angstsymptome in Mitgefühle umgemünzt werden können. Diese Angstsymptome zeigen die nervöse Unruhe durch Erregung oder Hemmung von organischen Funktionen an – Atmungsschwierigkeiten, Verdauungsstörungen, Müdigkeit, Kopfschmerzen, Ohnmacht, Schlaflosigkeit, Impotenz, Frigidität. Organminderwertigkeiten mögen den Störungen entgegenkommen, insbesondere wenn sie schon in der Jugend ›ausgenutzt‹ wurden. Die Symptome können aber auch in Anlehnung an solche der Bezugspersonen der Kindheit hervorgebracht werden. Ticks wie Zuckungen, Nägelbeißen u. ä. werden aus der Kindheit herübergeholt.

Immer aber haben die Symptome die Aufgabe, die Lebenslinie zu sichern. Sie sind stets über einen längeren Zeitraum ›trainiert‹ worden, bis sie sich zunehmend automatisieren. Sie stellen sich im Augenblick der Entscheidung rechtzeitig ein und retten vor der Möglichkeit der Niederlage, vor allem aber vor der Verantwortung. Die Leitlinie der Vorsicht wird vom Neurotiker dauernd verstärkt. Furcht und Zweifel, aber auch Grübeleien und das Arrangement der Faulheit erlauben den Rückzug ohne Einbuße am Selbstwertgefühl.

[15] A. Adler, *Praxis und Theorie der Individualpsychologie*, a. a. O.

Das neurotische Symptom kann zu einer Verkleinerung des realen Tätigkeitsfeldes führen – ›mit Rücksicht auf die Krankheit‹. ›Rücksicht‹ ist auch das ›wenigste‹, was der Neurotiker von den anderen glaubt fordern zu können, sie fällt ihm als Nebengewinn zu.

In der Platzangst schließlich wird der Bewegungskreis vollends eingeschränkt. Wer weiß, was passieren kann, wenn man nicht zu Hause ist, sich nicht um alles kümmert. »In den Ausartungen der Angst schwingt also wieder dasselbe Ziel der Macht und Überlegenheit, und man sieht, wie auch hier das Leben unter Druck gerät und ein trauriges Schicksal bedrohlich in die Nähe rückt. Denn bei vielen Menschen bedeutet die Angst nichts anderes, als daß jemand da sein muß, der sich mit ihnen beschäftigt. Wenn nun gar jemand das Zimmer nicht mehr verlassen kann, muß sich alles seiner Angst unterordnen. Durch das den anderen auferlegte Gesetz, daß alle anderen zu ihm kommen müssen, während er zu niemandem zu kommen braucht, wird er zu einem König, der die anderen beherrscht.«[16]

Ein häufiges neurotisches Arrangement ist das sogenannte ambivalente Verhalten. Der Neurotiker hat ›ach zwei Seelen in seiner Brust‹. Da es aber gar nicht möglich ist, gleichzeitig etwas zu wollen und es nicht zu wollen, so handelt es sich immer nur um die Flucht vor der Entscheidung. Auch Schuldgefühle sind wesentlich Arrangements, die das Gefühl geben, moralisch auf der Höhe zu sein, und gleichzeitig erlauben, eine Rückzugslinie einzuschlagen.

So besteht die Neurose weitgehend in Arrangements, die das Selbstgefühl erhalten, aber die Verantwortlichkeit aufheben sollen.

Niemand ist allerdings nur Neurotiker und niemand frei von neurotischen Zügen. Die Individualpsychologie sieht Gesunde und Kranke nur als Grenzfälle, sie findet Misch- und Übergangstypen vorherrschend. Auch der Neurotiker lebt nicht völlig außerhalb der allgemeinen Logik und Vernunft. Seine Anstrengungen, sachlich und verantwortlich zu handeln, scheitern aber leicht, weil sein Drang nach Geltung ihn immer wieder ablenkt.

Der neurotische Mensch ist durchaus nicht immer ohne Gemeinschaftsideale, aber sie weisen nur zu häufig dieselbe Starrheit auf wie alle seine Schablonen. So neigt er zum Sektierertum; intolerant gegenüber allen anderen Meinungen, gefällt er sich darin, im Besitz der eigenen Wahrheit zu sein. Seine ›private Vernunft‹ zeigt sich oft auch im Gebrauch der Sprache, für die gerade, wie Adler zu betonen pflegte, Allgemeingültigkeit nicht weggedacht werden kann.[17] Sprache wird zum bloßen Werkzeug. Es kommt nicht mehr auf die Bedeutung der Worte an, sondern auf das, was

[16] A. Adler, *Menschenkenntnis*, a. a. O., S. 209.
[17] Ebd., S. 40 f.

damit bezweckt wird. So liegt im neurotischen Verhalten immer ein Streben nach Überwältigung des anderen, nach tendenzieller Vergewaltigung der logischen Folgerungen des menschlichen Zusammenlebens.

Auch die Einordnung in eine größere Gemeinschaft kann neurotischen Sicherungstendenzen dienen. Die Gemeinschaft dient als Zuflucht, als Krücke des Selbstwertgefühls, durch sie kann man zu den Auserwählten zählen, an ihrer Geltung teilhaben.

Manchmal aber schlägt eine solche ängstliche Einordnung in Verfolgungs- und Größenwahn um. Der Märtyrer, der von niemandem verstanden wird, eröffnet sich mit diesem Arrangement des Nicht-Verstandenseins die Rückzugslinie. An die Stelle der versagten Anerkennung tritt das Mitleid mit sich selbst.

Starrheit des Ideals kann auch dem Überlegenheitsstreben gegenüber der nächsten Umgebung dienen. Mag es sich dabei um allgemeine oder sehr persönliche Ideale handeln, immer soll ihr Träger als Vorbild dastehen. Immer enttäuscht man ihn, weil auch seine Nächsten nicht auf der Höhe des Ideals stehen – auf dieser Höhe steht nur er. Auf der Rückzugslinie kann er in der Entwertung der Welt so weit gehen, daß er seine Nahrungsaufnahme lebensgefährdend herabsetzt, um sich als vergeistigte Gestalt über die materielle Welt zu erheben.

Sosehr aber der Neurotiker sich auch gegen die Logik des menschlichen Zusammenlebens vergehen mag, wie sehr er, von seiner privaten Vernunft beherrscht, auch anti-sozial handelt, die Macht der sozialen Bindung zeigt sich immer noch darin, daß er vor der Gesellschaft und vor sich selber sein Tun und Verhalten als sozial zu rechtfertigen sucht.

Bleibt in der Neurose immer noch der Kontakt mit der Umwelt, so erfolgt in der Psychose, zu der sie sich steigern kann, der völlige Rückzug. In ihr ist die Selbstvergottung (Größenwahn) möglich, und da hier der Rückzug vollständig ist, wird ein konfliktloser Zustand erreicht. Die Anforderungen der Umwelt haben ihre Geltung völlig verloren. Hier wird das Gefühl des Verloren- und Verworfenseins zur Gewißheit.[18] Nun sind selbst die intellektuellen Funktionen von der zur Herrschaft gelangten

[18] Einer der Adlerschen Heilerfolge ist für dieses Gefühl des Verworfenseins und Verlorenseins besonders illustrativ. Eine junge Frau, die sich in einer Heilanstalt befand, hatte überhaupt keinen Kontakt mit der Umwelt und benahm sich wie ein Hund – bellte, fraß wie ein Hund etc. Adler kam zu der Feststellung, daß sie sich von ihrer Mutter wie ein Hund behandelt gefühlt hatte. Lange blieb die immer gleichmäßig freundliche Kontaktsuche Adlers ohne jeden Erfolg. In dem Augenblick, da aber der ›Panzer‹ durchbrochen zu sein schien, schlug sie Adler ins Gesicht, ohne daß dieser jedoch seine Haltung veränderte. Bald darauf schlug sie in die Fensterscheibe. Adler verband mit gleichbleibender Haltung ihre Wunden. Schließlich gelang die Kontaktnahme und Heilung.

Fiktion überdeckt und ausgeschaltet. Zeit und Ort haben keine Bedeutung mehr.

Aber auch in der Psychose, ja selbst in der Schizophrenie, dem Spaltungsirresein, in dem die Persönlichkeit sich zu zersetzen scheint, sind deren Einheitlichkeit und die Zielrichtung ihres Verhaltens noch nachweisbar, die Symptome deutbar. Die Gesetze, die außerhalb des Ich gelten, sind jedoch völlig ausgeschaltet, nur eingebildete, fiktive Gesetze werden anerkannt. Das Ziel des überkompensatorischen Geltungsstrebens ist in der Halluzination der Auserwählte, der Retter der Welt usw., und die Verachtung für die Welt drückt sich in Gesten und Gesichtszügen aus. Delirien der Verzweiflung aber deuten das Hervorbrechen der Ängste der Isoliertheit und des Verlorenseins an. Sofern Heilung überhaupt möglich ist, liegt sie in dieser Deutbarkeit der Symptome und der Erkennbarkeit der Persönlichkeit.

d) *Verwahrlosung und Verbrechen*

Die Individualpsychologie sieht den Menschen als ein in soziale Beziehungen eingebettetes aktives Wesen und sucht sein Verhalten in und durch diese Beziehungen zu verstehen. Wurden ihre ersten Einsichten auch in der therapeutischen Praxis der Neurosenbehandlung geformt, so richtete sich ihr Interesse doch bald auch auf Verwahrlosung und Kriminalität. Ihren Prinzipien entsprechend setzt sie weder einen asozialen Typus noch eine angeborene Willensschwäche oder einen verbrecherischen Trieb als gegeben voraus, sondern sucht auch hier die das Verhalten gestaltende Situation der individuellen Existenz zu klären.

Der Auffassung vom asozialen Menschen setzt die Individualpsychologie entgegen: »Nicht weil er anti-sozial ist, verwahrlost er, sondern weil er die Einfügung nicht zustande brachte, wird er zum Gesellschaftsfeindlichen.«[19] Es gibt für die Individualpsychologie keinen Grund, den Lebensstil des Verbrechers oder Verwahrlosten mit anderen Maßstäben zu messen als den des Nervösen. Es sind Unterschiede in der Biographie, die die besondere Art seiner Umweltkonflikte erklären. Da die Individualpsychologie das Individuum als Teil einer konkreten Gesellschaft begreift, wird sie selbstverständlich die sozialen Umstände, die es dem Individuum erschweren, sich an die Spielregeln der Umwelt zu halten, in jede Verhaltensanalyse einbeziehen. Wenn sie aber auch weiß, daß es statistisch nachweisbare Zusammenhänge zwischen den sozialen und ökonomischen Bedingungen und den als Verbrechen und Verwahrlosung bezeichneten psychopatholo-

[19] Lene Credner, ›Verwahrlosung‹, in: *Handbuch der Individualpsychologie.* Leipzig 1926, Amsterdam 1966.

gischen Erscheinungen gibt, so ist doch für sie auch hier die wichtigste Frage ›warum gerade *dieser* Mensch?‹.[20]

In dem Komplex der Erscheinungen, um den es sich hier handelt, ist die familiäre Ausgangsposition um so wichtiger, als sie zumeist eine soziale Minderwertigkeitsposition darstellt: Verwaisung, Stiefeltern, Unehelichkeit, Ehekonflikte der Eltern, ungünstige Stellung in der Geschwisterreihe (z. B. einziger Knabe unter Mädchen), sexueller Mißbrauch, Alkoholismus oder Kriminalität der Eltern usw., Organminderwertigkeiten im weitesten Sinne des Begriffs spielen eine bedeutende Rolle. Wesentlich aber erscheint, daß für den größten Teil der als ›asozial‹ zu bezeichnenden Personen das Bedürfnis nach Zärtlichkeit, Liebe, Wohlwollen nicht befriedigt worden ist. Ein Mangel, der durchaus nicht nur in ökonomisch benachteiligtem Milieu aufzutreten braucht.

Die mangelnde Befriedigung des Zärtlichkeitsbedürfnisses führt zu frühzeitigem Suchen nach Ersatzbefriedigung. Der Griff in die Zuckerdose – Zucker erzeugt Körperwärme im kindlichen Organismus – bedeutet in vielen Fällen den ersten Zusammenstoß mit den Spielregeln der Umgebung. Ihm mag der Gelddiebstahl zur Beschaffung von Süßigkeiten oder deren direkter Diebstahl folgen. Die Vergehen gegen die Umwelt verbinden sich mit dem Gefühl, einen Überlegenheitsgewinn ihr gegenüber errungen zu haben. So setzt sich leicht die Fiktion fest, daß Lustgewinn und Selbstwertgefühl nur auf Schleichwegen und gegen die Gesetze der Umwelt erreicht werden können. Kommt dazu Angst vor Strafe – und körperliche Strafen sind besonders im sozial benachteiligten Milieu stark betont –, so entsteht ein vertieftes Ohnmachtsgefühl, das nach Ausgleich drängt, Sehnsucht nach Geltung, Anerkennung und Stärke hervorruft. Die besondere individuelle Situation wird hier den Weg weisen. Der körperlich Starke wird leicht dazu verführt, sich mit Gewalttätigkeiten hervorzutun, ein hübsches Gesicht zur Prostitution führen, Schwächere trainieren List und Verschlagenheit.

Die Aktivsten und vom Gemeinschaftsgefühl nicht völlig verlassenen Jugendlichen, die auf solchen Wegen sind, schließen sich in Banden zusammen, um gemeinsam Protest- und Racheaktionen gegen die Erwachsenen und die Gesellschaft zu unternehmen. »Zuweilen geraten geistig Minderwertige in die Bande. Die werden verspottet und gehänselt, ihr Stolz wird dadurch erst recht angeeifert und sie entschließen sich zu besonderen Taten. Oder sie sind von Haus aus an eine besondere Dressur gewöhnt, sie sind auf Folgsamkeit dressiert: ihnen wird diktiert, sie führen

20 Es bedarf keiner besonderen Betonung, daß der Begriff Verbrechen als psychopathologische Erscheinung nicht notwendigerweise mit dem juristischen identisch ist.

es aus. Es kommt oft vor, daß der eine die Untat ersinnt, der Jüngere, Unerfahrene, Minderwertige sie ausführt.«[21]

Jetzt aber bekommen sie zu hören, sie wären ›geborene Verbrecher‹, würden ›im Zuchthaus enden‹ – alle jene bekannten, sich selbst-verwirklichenden Prophezeiungen.

Je mehr sie von der Umwelt abgewiesen und abgeschrieben werden, desto mehr verstärkt sich ihre Fiktion, daß sie nur im Kampf gegen diese Umwelt bestehen können. In ihrem eigenen Milieu, in dem sie sich absondern, können sie in Schlägereien zeigen, daß sie doch Kerls sind, können Erwachsene im Saufen übertreffen, bekommen die meisten Mädels rum (oder fangen die meisten Jungens ein), weisen die meisten Tätowierungen auf, prahlen mit Einbrüchen. Sie schaffen sich ihren eigenen ›Kulturkreis‹, in dem Roheit, Verschlagenheit usw. bewundert werden. Je tiefer ihre Entmutigung sitzt, desto schneller wollen diese Jugendlichen als ›vollwertige‹ Erwachsene erscheinen. Tabak, Alkohol und Sexualverkehr werden zu Beweismitteln dieser Vollwertigkeit. Intelligenz wird hier zu dem, was Adler ›private Intelligenz‹ nennt, das heißt, sie tritt in den Dienst des Überlegenheitsstrebens auf dem von der Fiktion gewiesenen Weg.

Rauschmittel und Sexualverkehr treten nun an die Stelle, die der Zucker in der Kindheit einnahm: Sie sollen Lustgewinn und ›soziale‹ Geltung zugleich schaffen. Der Jugendliche, der ohne eine für eine Gemeinschaftsorientierung und Charakterbildung taugliche Bezugsperson aufgewachsen ist, findet zu seiner Orientierung und Identifikation den ›negativen Helden‹ des Films oder Schmökers.

Je mutloser Jugendliche dem Leben gegenüberstehen, je sehnsüchtiger sie darauf warten, als Erwachsene anerkannt zu werden, desto mehr drängen sie auch auf sexuelle Betätigung, die ihnen gleich Zigaretten und Alkohol die Bestätigung gibt, dazuzugehören. Der Geschlechtspartner ist Lust- und Renommierobjekt zugleich, die Zahl der Eroberungen ein Anlaß sich aufzuspielen. Der männliche Jugendliche, der seiner eigenen Person nicht genügend Wirkung auf Mädchen zutraut, wird diese Wirkung durch Geschenke verstärken, die wiederum Anlaß zu Diebstahl, Unterschlagungen und anderen Verbrechen geben.

»Ihrer seelischen Struktur nach sind die Verwahrlosten gekennzeichnet durch einen charakteristischen Zug, der bei ihnen stärker hervortritt, als dies bei Menschen sonst der Fall zu sein pflegt: ihr Machtstreben ist, infolge einer erlittenen Herabsetzung oder Enttäuschung, die ein starkes Minderwertigkeitsgefühl auslöste, ungewöhnlich übersteigert ... und je mehr sie durch Krampfakte, Bravourstücke usw. ihre Geltung zu forcieren suchen, desto tiefer wird die Kluft zwischen ihnen und der Gesellschaft. Die Verzweif-

[21] A. Adler, *Praxis und Theorie der Individualpsychologie*, a. a. O., S. 331.

lung des Ausgeschlossenseins, der Vereinsamung macht sie schließlich zu Verbrechern.[22]

Dem Gericht wird der mit dem Gesetz in Konflikt geratene Jugendliche seiner bereits eingeübten Leitlinie entsprechend begegnen: verkrampft, ängstlich und stumm oder trotzig und voll Widerspruch, innerlich jedenfalls mit dem Gefühl, daß ihm unrecht geschehe und daß er in Feindeshand sei. Diese Begegnung schildert der individualpsychologische Richter so: »Das äußere Gepräge der Strafsitzung, die symbolische Erhöhung der mehreren Richter, der Staatsanwalt, das Verlesen der Anklageschrift, die Raschheit, Sicherheit und Gemessenheit der prozessualen Behandlung, alles das drückt stark auf den Jugendlichen, der sich ohne Hilfe allein mit seinen Nöten diesen Mächten unentrinnbar ausgeliefert sieht.«[23]

Durch die gerichtliche Verurteilung weiter entmutigt, wird der Jugendliche sich enger an die Kreise anschließen, in denen er durch sein Tun und Verhalten Geltung erwerben kann. Die Welt außerhalb dieser Kreise wird entwertet. Die, die für ihren Lebensunterhalt arbeiten, werden als ›die Dummen‹ angesehen.

Der Verbrecher wird seine Taten stets als Ausdruck besonderer Klugheit und Kühnheit betrachten. Einmal überlistet er die Gesellschaft und ihre Spielregeln, zum anderen trotzt er der Polizei, die er als Gegenspieler akzeptiert. In Wirklichkeit ist er ein entmutigter Mensch, der falsch spielt, weil er sich nicht zutraut, in der Gesellschaft und mit ihren Spielregeln es zu etwas zu bringen. Er muß rabiat, roh, draufgängerisch und großsprecherisch sein, will er seine tiefsitzenden Minderwertigkeitsgefühle übertönen.

Für die Niederlagen, die er erleidet, hat der Verbrecher wie jeder Ehrgeizige zumeist ein Alibi für sein Selbstwertgefühl bereit. (In St. Helena sagte Napoleon, wäre ich zuerst nach Spanien und dann nach Rußland gegangen, läge Europa jetzt zu meinen Füßen.)

Nie aber kommt der Verbrecher von dem Gefühl los, daß man ihm etwas vorenthalten hat und daß die Welt ihm etwas schuldig geblieben ist. Deswegen ist er ein Besessener des Lusthungers: »Die Beute wird so rasch wie möglich in Genuß und Lustgewinn umgesetzt, zu sparen hätte keinen Sinn. Denn das Verbrechertum ist kein Beruf, der seinen Mann nähren soll – da gäbe es doch noch mühelosere und gefahrlosere Tätigkeit –, sondern Exzeß des lustbesessenen Geltungswillens. Das Finale ist immer die Orgie, die Vergeudung mit vollen Händen.«[24]

Je weniger soziale und ökonomische Nöte in der Vorgeschichte

[22] Otto Rühle, *Die Seele des proletarischen Kindes.* Dresden 1926. Neudruck in: Ders., *Zur Psychologie des proletarischen Kindes.* Frankfurt a. M. 1969.
[23] Otto Naegele, ›Jugendlicher und Justiz‹, in: *Handbuch der Individualpsychologie.* Leipzig 1926, Amsterdam 1966.
[24] Erwin Wexberg, *Individualpsychologie.* Leipzig 1928.

des Verbrechers eine ursächliche Bedeutung haben, desto stärker treten die neurotischen Charakterzüge hervor.

Verwöhnte, die immer etwas erwarten und die Umgebung beschuldigen, wenn die Erwartungen sich nicht erfüllen, finden sich oft unter den besonders neurotischen Verbrechertypen. Unter diesen finden wir Menschen, die eine verzärtelte Kindheit gehabt haben, insbesondere solche, die allein mit einer Mutter aufwuchsen, die alle Unannehmlichkeiten von ihnen fernhielt und sich stets ihrem Willen beugte. An die Diktatur ihres Willens ohne Widerstand gewöhnt, brechen sie zusammen, wenn das Leben sich so ganz anders zeigt. In schwierigen Situationen verlieren sie den Kopf und nehmen eher einen Mord als eine Niederlage auf sich. Menschen, die von frühauf daran gewöhnt waren, im Mittelpunkt zu stehen, sind für die Anforderungen des Lebens schlecht vorbereitet. Sie neigen dazu, sich ein Scheindasein zu verschaffen. Materielle Ziele sind bei ihren verbrecherischen Taten meist nebensächlich.

In fast allen Fällen von Sexualverbrechen wird der Mangel an Selbstvertrauen, der immer vorhanden ist, durch eine körperliche Minderwertigkeit verstärkt. Es ist nicht der starke Trieb, sondern der schwache Mensch, der aus Mangel an Beziehungsfähigkeit die Tat begeht.

Um die Brutalität des Lustmörders begreifen zu können, muß die kalte Brutalität des Lebenskreises, in dem er aufwuchs, betrachtet werden. Eine schlechte Beziehung zur Mutter dürfte dabei eine große Rolle spielen. Der Täter ist in vielen Fällen schon seinem Habitus nach ein schwächlicher Mensch. Auch hier kann als für alle Fälle gesagt werden, daß das Verbrechen nicht aus einer kurzfristigen Planung heraus entsteht, sondern daß die Entscheidung für das Verbrechen zu einem beliebigen Zeitpunkt nur aus dem in der Kindheit gebildeten Lebensplan heraus verstanden werden kann.

Heilen und Bilden

a) *Veranlagung als Ausflucht*

Der Mensch ist nicht nur ein Sozialwesen, er ist auch ein Naturwesen und als solches an die Naturkausalität gebunden. Bei dem Bestreben, nervöse und neurotische Leiden zu heilen, stellt sich uns daher die Frage, ob dem menschlichen Eingreifen nicht biologische Schranken gesetzt sind, die nicht durchbrochen werden können.

Der biographischen Deutung der individualpsychologischen Charakterkunde ist entgegengehalten worden, daß sie Veranlagung – den ganzen Bereich des Vererbten und Angeborenen – außer acht lasse. Die hergebrachte Auffassung war ja, daß krankhaftes Verhalten auf eine krankhafte Anlage zurückzuführen sei, während die Individualpsychologie schon die grundsätzliche Unterscheidung zwischen normalen und krankhaften Personen ablehnt.

Versuche, seelische Erscheinungen vom Körperlichen her, insbesondere hirnphysiologisch zu deuten, könnten zwar der Adlerschen Lehre von der Organminderwertigkeit weiteres Material zur Verfügung stellen, doch für die Bemühungen der Individualpsychologie auf dem Gebiet des Heilens und Bildens hat der Begriff der Veranlagung keine rechte Bedeutung. Damit, daß seelische Erkrankung für die Individualpsychologie nicht als ein Zustand erscheint, sondern als eine Bewegung, ein Verhalten, dem krankhafte Symptome als Arrangements dienen, wird die konstitutionelle Anlage eine von der Person zu verarbeitende Gegebenheit.

Ein Verstehen der seelischen Vorgänge und die Möglichkeit der Einwirkung auf sie ergibt sich aus der Frage ›wohinaus‹ und nicht aus der Frage ›woher‹. Im Vordergrund des heilenden und bildenden Interesses steht der Zweck, vererbt aber werden höchstens Mittel, d. h. etwa der Grad der intellektuellen Fähigkeit; sie einzusetzen ist Sache des zweckgerichteten Charakters.

Vererbt wird das materielle Substrat, das Seelische aber ist nicht dinghaft, es manifestiert sich in der Beziehung zwischen Mensch und Umwelt. Beide sind in gegenseitiger Durchdringung an der Gestaltung des individuellen Charakters beteiligt.

Auch die Individualpsychologie zieht die konstitutionellen Gegebenheiten als gestaltende Faktoren der Persönlichkeit in Betracht, das ergibt sich schon aus ihrem Ausgangspunkt, der Theorie der Organminderwertigkeit und ihrer Kompensation. Abgesehen von extremen Fällen, die eine normale Entwicklung verhindern, können diese Gegebenheiten aber in sehr unterschiedlicher Weise in den Lebensplan des Individuums eingebaut werden.

Die konstitutionelle Beschaffenheit ist eine der grundlegenden Gegebenheiten, mit denen der Mensch sich auseinanderzusetzen hat, oder, um es bildlich auszudrücken, sie ist einer der Bausteine, die zum Aufbau des Hauses der Persönlichkeit benutzt werden, wobei die Art der Benutzung jedoch vom Gesamtplan des Hauses abhängen muß. Adler sprach auch von ›Gebrauchspsychologie‹, um zu unterstreichen, daß es darauf ankäme herauszufinden, welchen Gebrauch das Individuum von den konstitutionellen Faktoren macht.

Wenn der Charakter als ein Antwortsystem auf die Anforderungen der Umwelt verstanden wird, kann er nicht durch eine Anlage vorbestimmt und festgelegt sein. Die Schicksalsmächte Vererbung und Veranlagung, naturwissenschaftliche Begriffe, in die die Götter sich verflüchtigt haben, müssen unter diesem Gesichtspunkt auf ihren Platz im strukturellen Zusammenhang zurückgeführt werden. Der ›natürliche‹ Mensch, der als Wesen seines von der Anlage bestimmten Charakters erscheint, ist nicht der wirkliche Mensch. Sobald der Charakter als die charakteristische Art individuellen Verhaltens gesehen wird, erweist sich die Abstraktion eines allein von seiner Natur bedingten Menschen als unbrauchbar.

Verhalten unter historisch gegebenen Umweltbedingungen kann nicht auf ein vererbtes Substrat zurückgeführt werden. Die biologische Beschaffenheit des Organismus – ein umfassenderer Begriff als Veranlagung – vermag Grenzen für die Reaktionsweise des Individuums zu setzen und auch Anreiz zu einer bestimmten Art und Weise des Reagierens zu sein, nicht aber diese von vornherein zu determinieren.

Die naturwissenschaftliche Kausalbetrachtung des 19. Jahrhunderts rief die Idee ewiger Schicksalsmächte (Ibsens Gespenster) hervor, die unter Namen wie Anlage, Trieb, Rasse die objektive und subjektive Seite des Menschen scharf trennten. Während einerseits der Mensch nur als Objekt wirkender Kräfte angesehen wurde, blieb es der philosophischen Interpretation vorbehalten, dem Individuum eine freischwebende Subjektivität zuzuschreiben. Der wirkliche, handelnde Mensch trat dabei nicht in Erscheinung.

»Das Lebendige widerspricht der Kausalität nicht. Aber es gehorcht nicht nur den Gesetzen der Kausalität, sondern verfolgt unter Ausnutzung dieser Gesetze seine eigenen Zwecke.«[1]

Die kausalen Faktoren treten nicht selbst in die lebendige Wirklichkeit ein, sie wirken nur in einem Ensemble mit und sind hier gleichsam der allgemeinen Regie der lebenden Person unter-

[1] Fritz Künkel, *Vitale Dialektik*. Leipzig 1929.

worfen. Hereditäre und andere konstitutionelle Faktoren können wohl wirksam sein, stellen aber nicht die ganze Wirklichkeit dar. Es sei denn, es handle sich um eine angeborene Schädigung, die eine schwere Funktionsbehinderung des Organismus hervorruft.

Da der Charakter eine eingeübte Art des Verhaltens ist, würden Charakterzüge, die in der Anlage gegeben wären, nicht in Erscheinung treten. Anlage kann aber immer nur Reaktionsfähigkeit sein, die Reaktion wird durch die Umwelt hervorgerufen. Dies ist auch sonst in der lebendigen Natur der Fall. Im Tal haben die gleichen Pflanzen andere Formen als auf der Höhe. Blumenzüchter erreichen Variationen durch Veränderung der Temperatur und des Nährbodens. Fischarten verändern sich, je nachdem, ob sie in Salz- oder Süßwasser leben. Die Schädelkapazität der Hausziege beträgt 117–135 cm^3, die der gleichgroßen Wildziege 172–200 cm^3. Adler wies deswegen auf die Variationsbreite des Phänotyps (Erscheinungsbild) hin, während der Genotyp (Erbbild) offenbar unveränderlich ist.

Die neuere Biologie stellt nun auch fest:

»... man kann sicher sein, daß die für die Aktivität des Gehirns charakteristischen Reaktionen dem Biochemiker bald so banal vorkommen werden wie die der Verdauung. Eine Gemütsbewegung, ein Gefühl, eine Entscheidung, eine Erinnerung zu beschreiben stellt jedoch ein Problem anderer Größenordnung dar ... Mit der Entwicklung des Nervensystems, mit der Lernfähigkeit und dem Gedächtnis vermindert sich die Unbeweglichkeit im Ausdruck der Vererbung. Im genetischen Programm, das den Eigenschaften eines etwas komplexeren Organismus zugrunde liegt, gibt es einen unzugänglichen Teil, dessen Durchführung streng fixiert ist; ein anderer offener Teil beläßt dem Individuum eine gewisse Freiheit in der Reaktion. Das Programm schreibt einerseits mit Strenge die Strukturen, Funktionen und Attribute vor, andererseits bestimmt es nur Potentialitäten, Normen und Rahmen. Einerseits setzt es fest, andererseits erlaubt es. Das Verhalten des Individuums ändert sich mit der zunehmenden Bedeutung, die dem Erworbenen zukommt ... Mit der Fähigkeit, auf Reize zu antworten, steigen die Freiheitsgrade bei der Auswahl der Reaktionen an. Beim Menschen wird die Anzahl der möglichen Reaktionen derart umfangreich, daß man von jenem berühmten, den Philosophen so teuren ›freien‹ Willen sprechen kann ...«[2]

Mit großer Aufmerksamkeit haben Adler und seine Mitarbeiter die Arbeiten Kretschmers über den Zusammenhang zwischen menschlicher Gestalt und menschlichem Wesen und über die Abhängigkeit der Temperamente von Drüsenfunktionen verfolgt. Daß es einen Zusammenhang zwischen Körperbau und

[2] François Jacob, *Die Logik des Lebenden*. Frankfurt a. M. 1972, S. 335f.

Charakter gibt, war schon lange bekannt, ohne daß es dafür wissenschaftliche Beweise gegeben hätte. In Sagen, Mythen, Volksmeinung erscheinen beispielsweise Zwerge und Bucklige als schlau, listig, boshaft. Riesen werden als gutmütig geschildert. Shakespeares Cäsar will dicke Männer um sich haben und fürchtet die mageren. Man kann dabei sehr gut kompensatorische Reaktionen erkennen. Körperliche Stärke und Schwäche legen ganz bestimmte Verhaltensweisen nahe – der Starke verläßt sich auf seine Stärke, der Schwache bildet Klugheit oder Verschlagenheit als Sicherungstendenz aus – aber erst die Art, wie die Eigenschaften des Körpers erlebt und verarbeitet werden, ergibt das charakterbildende Moment. Hegel hat daher der Physiognomie-Lehre Lavaters entgegengehalten: »Der Mensch wird viel weniger aus seiner äußeren Erscheinung als aus seinen Handlungen erkannt.«

Der Einfluß von Drüsenfunktionen auf das Temperament d. h. auf Schnelligkeit, Langsamkeit, Schwerfälligkeit der Reaktionen muß sich natürlich auch im Charakter auswirken. Aber Charaktere entstehen erst in der Beziehung zwischen Mensch und Umwelt. Ebensowenig wie es Denken ohne Denkinhalt geben kann, ebensosehr bedürfen die Charakterzüge erst ihrer Zwecke, um sich zu bilden. Impulsivität, die von Drüsenfunktionen verstärkt wird, müßte sich doch erst in einem ganz bestimmten Zusammenhang entwickeln und in besonderer Art verarbeitet werden, bevor sie sich etwa in einem verbrecherischen Gewaltakt äußert. Keinesfalls ist die rein kausale Folgerung möglich: Weil er impulsiv ist, wurde er zum Verbrecher. Kretschmer selbst vermerkte: »... der Verbrecher ist kein biologischer Typus, weder in körperlicher noch in psychologischer Hinsicht.«[3]

Dem Einfluß des Physischen auf die Psyche steht der Einfluß des Seelischen auf die Körperfunktionen gegenüber. Künkel wies darauf hin, daß, ähnlich wie die Tränensekretion eine Folge von Trauer ist, die Sekretion irgendwelcher inneren Drüsen die unmittelbare Folge von Angst oder anderen Erregungen, aber auch das Resultat eingeübter Verhaltensweisen sein kann.[4]

Adler betonte diesen Zusammenhang, wenn er schrieb: »Der Organismus ist ein Ganzes ... Zur Erhaltung des Gleichgewichts gehört die Abänderbarkeit des Herzschlags, die Tiefe des Atmens, die Zahl der Atemzüge, die Gerinnbarkeit des Blutes, die Beteiligung der endokrinen Drüsen, da zeigt sich immer deutlicher, daß insbesondere seelische Erregungen das vegetative System und das endokrine System in Erregung versetzen und vermehrte oder veränderte Sekretion veranlassen. Wir können heute noch am ehesten Veränderungen der Schilddrüse infolge der Schockwir-

[3] Ernst Kretschmer, *Körperbau und Charakter*. Berlin 1921.
[4] Fritz Künkel, *Vitale Dialektik*. Leipzig 1929.

kungen verstehen, die manchmal sogar lebensgefährlich werden können.«[5]

Mögen der Ausbildung der Temperamente auch konstitutionelle Grenzen gesteckt sein, der persönliche Lebensrhythmus gestaltet sich letzten Endes als Teil des Lebensstils in der Auseinandersetzung mit allen Gegebenheiten.

Da also Anlagen und andere konstitutionelle Faktoren Grenzen und Möglichkeiten darstellen, so hängt ihr Einfluß davon ab, mit welchen Außenreizen sie zusammentreffen. Jene populäre Kurzschlußfolgerung, eine Eigenschaft sei vererbt, weil sie sich bei einem Elternteil oder mehreren Vorfahren vorfand, berücksichtigt ja nicht die Frage, ob in der Vorfahrenreihe der betreffenden Person diese Eigenschaft wirklich häufiger vorkommt als bei den Vorfahren anderer Individuen derselben sozialen Gruppe und ob nicht Erziehung, Nachahmung oder vielleicht eine ererbte Organminderwertigkeit gleiches Verhalten verursacht hat.

Auch das Vorkommen von Begabungen und insbesondere künstlerischen Talenten in mehreren Generationen ist noch kein Beweis für ihre Weitergabe auf dem Erbwege. Adler hat hier auf das ›Familientraining‹ hingewiesen sowie auf die Vererbbarkeit von Organminderwertigkeiten, die geeignet sind, eine Überkompensation auszulösen, insbesondere wenn diese durch die Familie gefördert wird. In der Tat fallen ja auch die bekannten Beispiele von Künstlergenerationen in jene Zeit, da Kunst noch weitgehend ein Handwerk war, das vom Vater auf den Sohn überging, d. h. als das Familientraining besonders aktiv betrieben wurde.

Goethes Bemerkung zu Eckermann: »Das Talent ist nicht erblich, allein es will eine tüchtige physische Unterlage«, würde durchaus in das Denkgebäude der Individualpsychologie hineinpassen.

Noch weniger überzeugend erscheinen dem individualpsychologischen Denken die an Hand von Familienstatistiken geführten ›Nachweise‹ der Vererbung verbrecherischer Anlagen. Hier ist die Rolle des Familientrainings meist nur zu offenkundig.

Die wesentliche Schlußfolgerung der Individualpsychologie ist, daß das Seelische in gewisser, unberechenbarer Weise biologisch disponiert sein mag, aber in seiner Reaktionsbreite biologisch nicht erfaßbar ist. Die Frage, ob Veranlagung Einfluß auf die Funktionsbereitschaft hat, reduziert sich im wesentlichen nur darauf, ob jene Veranlagung entwickelt wird oder verkümmert.

In ihrer therapeutischen Praxis hat nun die Individualpsychologie sehr bald bemerkt, welche heftigen, affektbetonten Abwehrreaktionen bei Patienten oder bei Eltern schwieriger Kinder hervorgerufen wurden, wenn eine Anlage des Charakters durch die Erbmasse in Abrede gestellt wurde. Ihr wesentlicher Befund, daß

[5] A. Adler, *Der Sinn des Lebens*, a.a.O., S. 113.

der Neurotiker Verantwortung scheut und diese nach Möglichkeit zu umgehen sucht, legt die Folgerung nahe, daß der Hinweis des Patienten auf seine Veranlagung ebenfalls nichts anderes als eine Ausflucht ist. Die Erbmasse, als deren Opfer er sich betrachtet, liefert ihm die Rechtfertigung für sein Verhalten. Eltern klagen oft über die Charakteranlagen ihrer schwererziehbaren Kinder, und wenn man ihnen sagt, solche Anlagen existierten in Wirklichkeit nicht, weisen sie dies mit Entrüstung zurück; auch sie sehen sich in der Rolle des Opfers und leugnen die eigene Verantwortung.

Schlimmer noch ist, daß die Erziehungsinstitutionen der Gesellschaft vielfach ihren Aufgabenbereich dadurch einengen, daß sie, zumindest stillschweigend, das Vorhandensein gegebener Charaktereigenschaften voraussetzen und sich von jeder Verantwortlichkeit für die Charakterbildung der Kinder freisprechen.

Adler hat den Begriff der Veranlagung als Zufluchtsstätte der Unwissenheit (*asylum ignorantiae*) bezeichnet. In die Dunkelheit dieses Begriffes läßt sich abschieben, wofür man die Verantwortung nicht tragen möchte. Die Individualpsychologie hat die Vorstellung von einer schicksalbestimmenden Vererbung als Fetisch entlarvt, der einer verantwortlichen Praxis des Heilens und Bildens im Wege steht.[6]

b) *Bewußtsein und Mut*

Das Konzept des Unbewußten als ein das Leben steuerndes und programmierendes Speichersystem hat die Individualpsychologie mit der gesamten neueren dynamischen Psychologie gemein. Die wesentlichen Motive des Individuums werden nicht in das Bewußtsein gehoben. Schon C. G. Carus hatte in der ersten Hälfte des 19. Jahrhunderts festgestellt, daß das Unbewußte ständig und rastlos arbeitet, daß aber die Beziehung zwischen Unbewußtem und Bewußtem nicht erkennbar ist, weil »es unmöglich ist, daß das Auge sich selbst sieht«.[7]

[6] Durch die 1940 veröffentlichte Untersuchung von H. H. Newman über in frühem Alter getrennte eineiige Zwillinge wurde diese Sicht bekräftigt. Diese Untersuchung ergab, daß die beobachteten Fälle von getrennt aufgewachsenen Zwillingen sich meist wesentlich in ihrem Verhalten unterschieden. Ein Unterschied, der um so deutlicher war, je mehr die Adoptiveltern sich voneinander unterschieden. (H. H. Newman, *How Differences in Environment affected separated one-egg twins*. New York 1940.)

Die Bedeutung der Vererbung ist nun auch in der Psychiatrie selbst mit Bezug auf die Schizophrenie beträchtlich relativiert worden. Vgl. hierzu: Manfred Bleuler, *Die schizophrenen Geistesstörungen im Lichte langjähriger Kranken- und Familiengeschichten*. Stuttgart 1972.

[7] C. G. Carus, *Psyche. Zur Entwicklungsgeschichte der Seele*. Pforzheim 1846.

Die Grenze zwischen Unbewußtem und Bewußtem ist fließend. Informationen der Außenwelt, die der Mensch aufnimmt, können dem Bewußtsein entschwinden, sie werden vergessen oder – genauer gesagt – verdrängt. Sie können aber aus dem Unbewußten wie aus einem Speicher wieder ins Bewußtsein zurückgerufen werden, sie sind, wie Carus es ausdrückte, nur das »momentan Unerinnerte«.

Viele Informationen werden vom Bewußtsein nicht registriert. Darüber hinaus sind Ausdrucks- und Verhaltensweisen durch ständige Wiederholung automatisiert, sie dringen nicht mehr ins Bewußtsein ein.

»Obwohl auch eine bewußte Aufmerksamkeit bis zu einem gewissen Grade zu erzwingen ist«, schrieb Adler, »sitzt doch die Anregung für die Aufmerksamkeit nicht im Bewußtsein, sondern im *Interesse* [von mir hervorgehoben – H. J.], und dieses wieder liegt zum größten Teil in der Sphäre des Unbewußten. Dieses ist in seinem ganzen Umkreis eine Leistung des seelischen Organs und zugleich der stärkste Faktor im seelischen Leben. Dort sind die Kräfte zu suchen und zu finden, die die Bewegungslinie des Menschen, seinen (unbewußten) Lebensplan ausgestalten. Im Bewußtsein ist nur ein Abglanz, manchmal sogar scheinbar das Gegenteil davon vorhanden. So wird z. B. ein eitler Mensch von seiner Eitelkeit keine Ahnung haben, sondern sich im Gegenteil so verhalten, daß eher seine Bescheidenheit jedem ins Auge springt. Um eitel zu sein, ist eben gar nicht nötig, es auch zu wissen und sich klarzumachen. Ja, für die Zwecke dieses Menschen wäre es nicht einmal gut, denn sonst könnte er gar nicht so handeln.«[8]

Nun erst wird die Zweckgerichtetheit der unbewußten Fehlleistungen des Alltags – Versprechen, Unfälle, Tölpelhaftigkeit etc. – voll verständlich. Die ›Ganzheit‹ oder Einheitlichkeit der Person wird dadurch gewährleistet, daß deren ›Interesse‹ wahrgenommen wird,ohne das Bewußtsein zu bemühen und vor diesem, wo nötig (um das gute Gewissen zu erhalten), verborgen bleibt. Die unbewußte Speicherung von Erfahrungs- und Erlebnisdaten, nicht als objektive Abbilder, sondern in tendenziöser, dem Interesse entsprechender Weise und mit Hilfe von ›Raum-sparenden‹ Symbolen, ist wesentliches Mittel menschlicher Umweltbewältigung.

Das Prinzip der zielgerichteten Einheit der Person hindert die Individualpsychologie daran, eine künstliche Grenze zwischen Bewußtem und Unbewußtem zu ziehen. Sie sieht nur graduelle Übergänge und vermeidet es, von einem ›Unterbewußtsein‹ zu sprechen. In der analytischen Betrachtung und Interpretation von seelischen Vorgängen sieht die Individualpsychologie die Gefahr, daß die verwendeten Wörter und Begriffe materialisiert

[8] A. Adler, *Menschenkenntnis*, a.a.O., S. 95 f.

oder personifiziert werden und als von der Person unabhängige Agenten erscheinen. Eine Gefahr, die auch Carus voraussah, als er schrieb:

»Schade, daß (durch die analytische Methode) nach und nach eine Art Vielgötterei in die Psychologie eingeführt worden ist, daß die Vorstellung bei vielen die Oberhand gewonnen hat, als wären Verstand, Wille, Gemüt, Gedächtnis, Gewissen, Phantasie usw. wirklich objektiv verschiedene Dinge.«[9]

Die Individualpsychologie sieht im Unbewußten nicht einen bestimmten ›Ort‹ in der Tiefe der Seele. Sie ist an dem Ausdruck ›Tiefenpsychologie‹ unschuldig.

Es ist gelegentlich behauptet worden, Adler habe den Begriff des Unbewußten abgelehnt. Davon kann nicht die Rede sein, er hat es aber abgelehnt, ›das Unbewußte‹ als eine abgegrenzte, besondere Funktionsgruppe dem Bewußtsein gegenüberzustellen. Kann doch jede einzelne psychische Funktion bald bewußt, bald unbewußt verlaufen. Etwas, was aus dem Bewußtsein verdrängt wird, kommt nicht, wie Eugen Bleuler es einmal ausgedrückt hat, an einen besonderen ›psychischen Ort‹, sondern seine assoziative Verbindung verändert sich. Dem Unbewußten kommt aber schon deshalb in der Individualpsychologie keine selbständige Rolle zu, weil Adlers Interesse sich auf alle Äußerungen des Lebensplanes richtet, gleichgültig ob sie bewußt oder unbewußt sind. Die begriffliche Verselbständigung des Unbewußten enthält immer die Gefahr, daß im Individuum Subjekt und Objekt unterschieden werden, daß der Anschein erweckt werde, als ob ein wesensfremder Akteur im Subjekt wirksam sei. Begriffsmythologie ist stets nur der gedankliche Ausdruck dafür, daß eine Grundtatsache unerfaßt geblieben ist. Die Unfähigkeit, den zentralen Punkt des Problems zu erfassen, wird gedanklich dann in sich verselbständigenden ›Wesenheiten‹ ausgedrückt. Erst in diesem Zusammenhang kann die Bedeutung des ›Interesses‹ als Ausgangspunkt der Adlerschen Betrachtungsweise voll verstanden werden.

Wenn nun aber auch das Unbewußte keinen Augenblick seine Bedeutung für das Handeln und die Erscheinungsweise der Person verliert, so wird das Individuum doch erst durch das Bewußtsein zum vollen Selbst. Auch hier hat bereits Carus formuliert: Erst im Bewußtsein ist der Mensch ganz er selbst geworden. So erscheint in der Individualpsychologie ›Normalität‹ als etwas, das durch den Grad des Bewußtseins bestimmt ist, während der neurotische Mensch fortwährend Mittel (seine Fiktion) und Zweck (das Leben in der Wirklichkeit) verwechselt und so zwar nicht zu logischen Widersprüchen, dafür aber zu Widersprüchen mit den realen Forderungen des Lebens gelangt.

[9] C. G. Carus, *Vorlesungen über Psychologie.* Gehalten im Winter 1829/30 zu Dresden. Neuauflage: Darmstadt 1958, S. 23.

Adler spricht daher von zwei Menschentypen: »Die einen sind solche, die bewußt leben, den Lebensfragen objektiver gegenüberstehen, keine Scheuklappen tragen, und solche, die mit einer vorgefaßten Meinung nur ein kleines Stück des Lebens und der Welt erblicken, niemals hinter ihre Ausreden kommen, die sich immer unbewußt dirigieren und unbewußt argumentieren.« Der bewußtere Mensch ist vielseitig aufgeschlossen für einen größeren Kreis des menschlichen Lebens und des Weltgeschehens.[10]

Die individualpsychologische Praxis geht daher in erster Linie darauf aus, den Kreis des Bewußtseins zu erweitern. Sie ist, hierin übereinstimmend mit der Psychoanalyse, in erster Linie eine Bewußtmachungsmethode.

Der Mensch, der sein eigenes Tun zu verstehen beginnt, gewinnt ihm gegenüber einen kritischen Abstand. Schon damit, daß der Mensch sich selbst gegenüber einen objektiveren Standpunkt einzunehmen lernt, baut er die starre Ichhaftigkeit des nervösen Charakters ab und wird der Logik des menschlichen Zusammenlebens zugänglicher. Gelingt es darüber hinaus, das Bewußtsein so auszudehnen, daß es auch für einen größeren Kreis des Lebens aufgeschlossener wird, so wird die Berücksichtigung der Realität verstärkt.

Sobald sich ein Bewußtsein vom eigentlichen Sinn der Charakterhaltung und der nervösen Symptome bildet, sind die letzteren nicht mehr ohne weiteres reproduzierbar. Ist der Teufelskreis dadurch entstanden, daß der entmutigte Mensch mit aller Macht nach Geltung strebt und durch seine Konflikte mit der Welt immer erneut in Mutlosigkeit fällt, so wird er durch die Bewußtmachung nicht nur unterbrochen, sondern in die entgegengesetzte Richtung gedreht.

Unsere Erkenntnis, daß Bewußtsein und Unbewußtsein keine räumlich getrennten Schubkästen sind, sondern dynamische ineinander übergehende Erscheinungen, kann dazu dienen, das falsche Interesse aufzuzeigen, das im Unbewußten verborgen ist, ein Interesse, das den Überlegenheitszielen gilt und deswegen nicht ›eingestanden‹ werden kann und vom Bewußtsein ausgeschlossen ist. Bewußtmachung enthüllt den Sinn des Tuns und führt zum Sich-selbst-Verstehen. Damit aber wird die Unsicherheit abgebaut und das Selbstwertgefühl gehoben.

Um zu einer Bewußtseinserweiterung zu gelangen, bedarf es des Abbaus der Entmutigung. Die Konflikte, in die der Mensch mit seiner Umwelt und sich selbst verstrickt ist, entspringen alle einem Gefühl der Unsicherheit, das von dem nervösen und neurotischen Verhalten überspielt werden soll. Um den Schein von Sicherheit zu bewahren, darf der Nervöse sich des wahren Sinnes seines Verhaltens nicht bewußt werden. Deshalb muß erst einmal

[10] A. Adler, *Menschenkenntnis*, a. a. O., S. 97.

die von aggressivem und die Umwelt entwertendem Verhalten übertönte Entmutigung beseitigt werden. Die vom Nervösen verneinte Fähigkeit, sich der Logik des menschlichen Zusammenlebens anzuschließen und ihr zu folgen, muß ihm bestätigt werden. Seine Negation muß negiert werden. Die seit der Kindheit fixierte Angst und ihre habitualisierten kompensatorischen Symptome müssen angegriffen werden.

Im allgemeinen Sprachgebrauch werden unter Mut und Feigheit zwei verschiedene Verhaltensweisen – um sich von Angst zu befreien –, nicht aber Eigenschaften verstanden: Mut ist Sicherung vor Gefahr durch Kampf, Feigheit Sicherung durch Rückzug. »Im individualpsychologischen Sprachgebrauch bedeutet aber Mut mehr. Er ist dann nicht das Gegenstück zu Feigheit, sondern zu Mutlosigkeit ... Je nach dem, wie die Selbsteinschätzung ausfällt, wird der Mensch mutig oder mutlos (durch seine Unzulänglichkeit entmutigt) sein.«[11]

Aufgrund seiner Mutlosigkeit wird der Nervöse mit seinen Lebensaufgaben nicht fertig. Er versucht, den Schwierigkeiten auszuweichen, gegen sie zu protestieren und durch Laut- oder andere Scheinstärke seine Unsicherheit zu kompensieren. Die Schwierigkeiten aber akkumulieren sich. Die individualpsychologische Praxis macht es sich daher zur Aufgabe, vor allem die Selbstwerteinschätzung zu korrigieren. Weist man den Entmutigten darauf hin, daß nicht nur er allein geschwächt, verkürzt, gefährdet sei, sondern daß es sich um ein allgemein menschliches Schicksal handle, wird seinen Minderwertigkeitsgefühlen ein Teil des Nährbodens entzogen. Mutlosigkeit wird damit (in günstigen Fällen) teilweise behoben werden. Aber nur durch Abänderung des Ziels kann sie völlig behoben werden: fort von der Persönlichkeitsgeltung, hin zu Gemeinschaftssicherung. Dem Individuum muß bewußt werden, daß es mit der Verfolgung seines ehrgeizigen Persönlichkeitszieles, mit seiner Jagd nach Scheingeltung, nur immer tiefer in die Mutlosigkeit versinkt. Seine Kompensationsform, die Neurose, muß es als unrentabel verstehen lernen.

Können die individuellen Minderwertigkeitsgefühle abgebaut werden, so bleibt dennoch die Angst, die aus der tatsächlichen Ungesichertheit des Lebens fließt, aus dem jedem einzelnen innewohnenden Gefühl der Unzulänglichkeit. Sie kann nur durch stärkere Hinwendung zur Gemeinschaft beseitigt werden, durch den Abbau der wirklichen und vermeintlichen Isolierung.

Mit der Aufklärung des Individuums über seine fiktive Minderwertigkeit und wirkliche Unzulänglichkeit ist nur der erste Schritt zur Beseitigung seiner Mutlosigkeit getan. Das Weitere ist Sache der ihm zu vermittelnden tätigen Erfahrung. Der Neurotiker muß, so wie er durch seine isolierte Lebensweise und seine feind-

[11] Alice Rühle-Gerstel, *Der Weg zum Wir*. Dresden 1927.

selige Ausrichtung stets tiefer in die Entmutigung hineingeraten ist, allmählich durch Betätigung der Mitmenschlichkeit Ermutigung erfahren.[12]

Der Entmutigte, zurückgezogen in seine Ichhaftigkeit wie in ein Schneckenhaus, scheut die Verantwortung. Ermutigen heißt vor allem Verantwortung zuteilen, und Bewußtmachung bedeutet Hebung des Verantwortungsbewußtseins durch dessen Betätigung. Erst mit der Übernahme von Verantwortung hebt und festigt sich das Selbstwertgefühl. Die Individualpsychologie behauptet nicht, daß mit dem gehörigen Mut jeder alles kann, wohl aber, daß jeder mehr könnte, wenn er bereit wäre, mehr Verantwortung zu übernehmen.

Häufig findet man bei Neurotikern, daß sie sich selbst Vollkommenheit in ihrem Tun abverlangen. Diese Forderung ist aber tatsächlich eine Überlegenheitsgeste und zugleich eine Entschuldigung für das Ausbleiben jeglicher Aktivität. Dagegen fordert die Individualpsychologie, den *Mut zur Unvollkommenheit* zu entwickeln, d. h. sich zu nehmen, wie man ist, sein eigenes Sein und Handeln gegebenenfalls mit Ironie zu betrachten und Abstand von sich selbst zu gewinnen. Minderwertigkeitsgefühl und Überlegenheitsstreben werden dann gleichermaßen schwinden und der Fähigkeit zu einer sachlicheren Beurteilung des Ich Raum geben. Das Apperzeptionsschema verliert seine Starre und öffnet sich Neuem.

c) *Therapie*

Ihr therapeutisches Ziel, den Abbau von Minderwertigkeitsgefühl und Überlegenheitsstreben, sucht die Individualpsychologie also zu erreichen, indem sie den Patienten systematisch ermutigt und ihm bewußt macht, daß er seine ›private Vernunft‹ zugunsten der Logik des menschlichen Zusammenlebens zurückdrängen muß. Damit soll eine Stärkung seines Gemeinschaftsgefühls und seiner Beziehungsfähigkeit herbeigeführt werden.

Die Symptome, die dem Patienten meist als seine eigentliche Krankheit erscheinen, entpuppen sich im Verlauf der Therapie als unbewußte Arrangements im Interesse der fiktiven Leitlinien. Die ›Heilung‹ der Symptome ist es aber natürlich nicht, worauf eine Therapie hinaus will. Adler ging es immer um die ›neurotische Disposition‹, die er für die eigentliche Grundlage der Krankheitserscheinungen ansah. Die wesentlichen Aufgaben der Therapie formulierte er so:

»Die neurotischen Bereitschaften der Affektsteigerungen, die Züge der übertriebenen Aggression ... bedürfen einer Erlösung aus ihrer Überspannung. Deshalb ist die Aufhebung des Minder-

[12] Ebd.

wertigkeitsgefühls und der daraus resultierenden Entwertungstendenz ... durch die Einsicht und Überlegung des Patienten anzustreben.«[13]

Diagnostische Hilfen zum Verständnis der Persönlichkeit und ihrer Leitlinien sind die frühkindlichen Erinnerungen, die Stellung in der Geschwisterreihe, Kindheitsschwierigkeiten, jugendliche Berufswünsche, Tag- und Nachtträume und der äußere aktuelle Anlaß, der die krankhaften Erscheinungen zutage gefördert hat. Das alles gibt dem Therapeuten die Möglichkeit, das Apperzeptionsschema des Patienten zu erkennen und zu verstehen, wie er die Gegebenheiten seiner Umwelt verarbeitet und auf sie antwortet, vor allem auch zu erfahren, was nicht durch diese Schablone dringt. Gelingt es, eine Verbindung zwischen den frühkindlichen Erinnerungen und den Umständen, unter denen die Erkrankung eingetreten ist, sichtbar zu machen, so liegt bereits eine Information vor, die für die Erforschung von Lebensstil und Leitlinien des Patienten Bedeutung haben kann. (Etwa: Ein Student, der ständig den Zwang fühlt, von seinen Studien fort ins Kaffeehaus zu laufen, beschreibt seine früheste Kindheitserinnerung so: Er liegt in einer Wiege und betrachtet das Tapetenmuster. Offenbar ein verwöhnter Mensch, der das Leben beschaulich zu nehmen geneigt ist.) Es geht bei all dem darum, die spezielle Struktur der Entwicklung des Patienten bloßzulegen.

Bei der Verwendung der Erinnerungen und Träume darf nun allerdings nicht übersehen werden, daß der Patient diese ›produziert‹. Es ist andererseits nicht der Wahrheitsgehalt der Erinnerungen, der eine Biographie zu verstehen hilft, sondern ihre Bedeutung für den Lebensplan. Viele Neurotiker haben quälende Erinnerungen an Unrecht oder Gewalt, an etwas also, das ihnen angetan wurde. Die Frage ist aber stets, wozu dienen ihnen diese Erinnerungen? Warum erinnern sie sich gerade hieran und nicht an etwas anderes? Der Neurotiker, sagte Adler, leidet nicht an Erinnerungen, er macht sie. Er erhebt sie zu Rang und Würden.[14]

Viele Erinnerungen haben sexuellen Inhalt. Das ist, meint Adler, nicht verwunderlich in Anbetracht des Interesses, das sexuelle Vorgänge als Geheimnis der Erwachsenen bei Kindern hervorrufen. Es mag sich aber auch zeigen, daß sexuelle Probleme im Leben des Patienten im Vordergrund stehen. Bei manchen wurde beobachtet, daß das Interesse frühzeitig auf Magen-Darm-Funktionen fixiert war.

Patienten, die verzärtelte Kinder waren, entwickeln oft unerfüllbare Wünsche. Ziel der individualpsychologischen Behandlung ist nicht, sie eine bessere Art der Verdrängung dieser Wünsche zu lehren, sondern ihnen Einsicht in deren Irrealität zu ver-

[13] A. Adler, *Über den nervösen Charakter*, a. a. O., S. 215.

[14] A. Adler, *Praxis und Theorie der Individualpsychologie*, a. a. O.

mitteln. Die Anerkennung der Realität kann einen Verzicht auf den Kampf mit den Windmühlen zeitigen. Geht es nun darum, beim Patienten Einsicht zu entwickeln, so würden sich, wenn der Therapeut als Autorität aufträte, nur erneut das Minderwertigkeitsgefühl und die Protesthaltung verstärken. Der Therapeut kann nur als Mitarbeiter an der Lösung der Aufgabe aktiv sein, er soll zwischenmenschliche Kontakterfahrungen vermitteln. Der Patient darf nicht Objekt einer Behandlung werden, sondern muß, wenn sich sein Selbstwertgefühl steigern soll, Subjekt innerhalb der Zusammenarbeit sein. Hat die Individualpsychologie auch keine absolut festen Regeln der ›Behandlung‹, keine vorgeschriebene Technik, so vermeidet sie daher doch, den Patienten auf ein Sofa zu legen oder sonst in einer bestimmten Lage zu fixieren. Letzteres schon deswegen, weil der erfahrene Therapeut aus den Bewegungen des Patienten oft mehr als aus seinen Worten entnehmen kann. Schon wie dieser ins Zimmer tritt, wie er die Tür schließt, seine Art der Begrüßung sind aufschlußreich, können z. B. einen arroganten oder zögernden Lebensstil verraten.

Der Abbau der kompensatorischen Spannungen und die Hinwendung zur Realität müssen die eigene Leistung des Patienten sein. Der Therapeut muß daher positive Ratschläge vermeiden und sich möglichst auf negative beschränken. Negation der Negation allein kann das positive Resultat hervorbringen. Daß psychologische Vokabeln wie Minderwertigkeitsgefühl zu vermeiden sind, versteht sich von selbst. Adler rät dem Therapeuten, dem Patienten stets das Gefühl der Gleichwertigkeit zu geben und die aus der Kindheit stammenden Irrtümer über seine mangelnden Fähigkeiten zu zerstören. Gegen den Therapeuten, der mit dem Anspruch auftritt, den Patienten zu ›bessern‹, richtet sich unweigerlich der männliche Protest des Patienten. Schon Pestalozzi hat darauf hingewiesen, daß Kinder gegen Menschen, die sie bessern wollen, den größten Widerstand leisten.

Zum Glück, meinte Adler, kommen Patienten im ›Stadium der Tugend‹, d. h. nach der Niederlage, zum Therapeuten, und eigentlich ist nur dann die Möglichkeit gegeben, ihre aktive Mitarbeit zu erreichen. Wenn der Patient seinen Zustand als Krankheit empfindet und an ihm leidet, will er ihn gewöhnlich auch ändern.

Adler wies auch darauf hin, daß der Patient oft schon durch seinen Gang zum Arzt zu verstehen gibt, daß er geneigt ist, von seinen bisherigen Sicherungsmethoden abzugehen. In solchem Zustand würden dann selbst Medikamente, Kühlsonden, hydropathische Kuren und jede Art von Suggestion, sei es auch durch eine Scheinanalyse, etwas helfen. Allerdings bedürfe er weiterer Hilfe beim Abbau seiner erstarrten Verhaltensweise.[15]

In vielen Fällen allerdings kommt der Patient, um sich seine

[15] A. Adler, *Über den nervösen Charakter*, a. a. O., S. 119.

Unheilbarkeit bescheinigen zu lassen und um den Therapeuten zu entwerten. Läßt dieser sich in einen Machtkampf mit dem Patienten ein, so ist jede weitere Betreuung verlorene Mühe.

Manchmal kann der Abbau der erstarrten Haltung und ihrer Symptome durch die Herstellung eines ›schlechten Gewissens‹ eingeleitet werden: Dem Patienten wird die geheime Absicht, die hinter gewissen Verhaltensweisen und Symptomen steckt – ihr aggressiver und den Rückzug sichernder Inhalt – verständlich gemacht. Bei Kindern läßt sich oft beobachten, daß, wenn sie einmal wissen, wozu eine ›Unart‹ dient, sie nicht mehr in der Lage sind, jene Handlung unbewußt zu reproduzieren; aber auch bei Erwachsenen werden Symptome unter Umständen nicht mehr erscheinen, wenn ihnen jedesmal sofort deren Sinn ins Bewußtsein rückt.

Ein anderer oft hilfreicher Beginn der Therapie sind Fragen wie: »Was täten Sie, wenn Sie nicht krank wären oder wenn Sie gut schliefen?«, weil die Antwort zu zeigen pflegt, wovor der Patient sich drückt, wovor er wegläuft.

Die Anleitungen, die Adler für die Therapie gegeben hat, sind, neben unzähligen Beispielen und einigen hilfreichen ›Tricks‹, im wesentlichen Hinweise auf die logisch aus seiner Auffassung von der Dynamik des Seelenlebens hervorgehenden Prinzipien. Der Grund für diese Beschränkung ist in seiner Achtung vor der Selbständigkeit des Therapeuten und seinem gesunden Menschenverstand zu suchen. Dazu aber kommt, daß er niemals aufhörte, zu betonen, daß Heilen eine Kunst sei. Der Künstler macht Gebrauch von der Technik, aber der Gebrauch der Technik macht nicht den Künstler aus. Ging die Individualpsychologie in Theorie und Praxis vom Heilen weiter zum Bilden, so geschah dies nicht zuletzt aus einer Einsicht in die beschränkte Reichweite der Individualtherapie. Beschränkt nicht nur deswegen, weil sie immer nur wenige Menschen erreichen kann, sondern weil die Chancen für eine Entfaltung jener sozialen Aktivität, zu welcher die Therapie hinleiten soll, ebenfalls begrenzt sind. Hat die Therapie den Patienten auch ermutigt und vertrauensvoll gemacht, so muß dieser doch damit rechnen, daß die Umwelt ihm keineswegs vertrauensvoll und gemeinschaftsfreundlich entgegenkommt. Der Therapeut muß es also darauf absehen, daß mit der Heilung auch die Fähigkeit entsteht, diesen Konflikt zu bewältigen. Diese Bewältigung, die schließlich eine aktive Auseinandersetzung mit den sozialen Umweltbedingungen bedeutet, ist Sinn und Ziel des Heilens.

d) *Erziehung*

Im Vorwort zu *Heilen und Bilden*, d. h. bereits im Jahre 1914, schrieb Adlers erster Mitarbeiter, Carl Furtmüller, daß die Individualpsychologie sehr rasch zum Problem der Erziehung vorstoßen werde, weil der Psychotherapeut, um die Persönlichkeit seines Patienten zu verstehen, dessen Lebensgeschichte studieren müsse. Sobald aber Adler sich mit jenem Problem zu befassen begann, erkannte er, daß die Aufgabe in der Erziehung der Erzieher lag, denn auf die betreffenden Institutionen, so wie sie bestanden, war kein Verlaß. Sie waren und sind Ausdruck des nervösen Charakters, der die Epoche beherrscht. Gewiß, »man kann sich kaum eine Einrichtung vorstellen, bei der Kinder *unter richtiger Führung* besser aufgehoben wären als in der Familie. Gerade bei Erkrankungen erweist sich die Familie als die geeignete Schöpfung zur Erhaltung des Menschengeschlechts ... Leider aber können wir nicht leugnen, daß die Eltern weder gute Psychologen noch gute Pädagogen sind. Was heute in der Familienerziehung die Hauptrolle spielt, ist ein in verschiedene Grade ausartender *Familienegoismus.* Dieser verlangt scheinbar ..., daß die eigenen Kinder besonders gehegt, als etwas besonderes angesehen werden ... So kommt es, daß gerade die Familienerziehung dadurch die schwersten Fehler begeht, daß sie den Kindern, die sozusagen Meinung einimpft, als müßten sie sich anderen gegenüber immer überheben ... Dazu kommt noch die Organisation der Familie selbst, welche sich von dem Gedanken ... einer väterlichen Autorität nicht trennen will ... Ihr schwerster Nachteil liegt darin, daß sie dem Machtstreben des Kindes ein Vorbild abgibt.«[16]

Der Rückgang der Autorität der Eltern wiederum erfolgt im Zeichen einer allgemeinen Unsicherheit. Die Entwertung des Alters in der heutigen Gesellschaft bedeutet nur einen Funktionsverlust und schafft als bloße Ablehnung kein besseres Bezugssystem. ›Moderne‹ Eltern sind vielfach solche, »die einem Gefühl der eigenen Unsicherheit durch übertriebene Erziehungskünste zu entkommen suchen. Ihr ganzes Leben ist mit ausgeklügelten Sicherungstendenzen durchsetzt. Mit letzteren greifen sie in die Erziehung ein, machen ihre Kinder ebenso unsicher und im schlechten Sinne weibisch, wie sie es selbst sind, und legen so den Keim zu den stürmischen Reaktionen des ›männlichen Protests‹, durch die der Geiz, der Ehrgeiz, der Neid, der Geltungsdrang, der Trotz, die Rachsucht, die Grausamkeit, die sexuelle Frühreife und verbrecherische Gelüste maßlos aufgepeitscht werden können. Trotz des fortschreitenden Zusammenbruchs ihres Erziehungswerkes halten sich solche Eltern oft für geborene Pädagogen. Oft haben sie den Schein für sich: Sie haben alle kleinen Möglichkeiten in den Bereich ihrer Erwägungen gezogen. Nur ein Kleines haben sie vergessen: *den Mut und die selbständige Energie ihrer Kinder zu entwickeln*, den Kindern gegenüber ihre Unfehlbarkeit preiszugeben, ihnen den Weg freizugeben. Mit beharrlicher Selbstsucht,

[16] A. Adler, *Menschenkenntnis*, a.a.O., S. 244.

die ihnen selbst nicht bewußt wird, lagern sie sich vor die Entwicklung der eigenen Kinder, bis diese gezwungen sind, über sie hinwegzuschreiten. – Manchmal wird ihnen der Schiffbruch offenbar: dann sind sie geneigt, diesen ›Schicksalsschlag‹ als unbegreiflich hinzustellen und die Flinte rasch ins Korn zu werfen. In solchen Fällen muß man vorsichtig eingreifen. Belehrungen werden regelmäßig als Beleidigungen aufgenommen. Manche verstehen es mit großer Geschicklichkeit, durch heimliche Sabotage, ein Fiasko der pädagogischen Ratschläge herbeizuführen, um den Arzt oder Pädagogen bloßzustellen. Feines Taktgefühl, unerschütterliche Ruhe und Vorhersage der zu erwartenden Schwierigkeiten bei Eltern und Kindern sichern den Erfolg.«[17]

»Die Familie ist allerdings auch geeignet, Gemeinschaftsgefühle zu entwickeln ... Die ersten Zärtlichkeitsregungen erfolgen im *Verhältnis zur Mutter*. Diese ist für das Kind das wichtigste Erlebnis des Mitmenschen, das ›Du‹ erkennen und empfinden ...« Einer der wesentlichsten Fehler aber »besteht darin, daß die Mutter wohl ihre Funktion übernimmt, aber so stark ..., daß eine *Weiterleitung* des Gemeinschaftsgefühls nicht möglich ist. Die Mutter läßt das Gemeinschaftsgefühl, das sich im Kind gebildet hat, bei sich münden.«[18] Oft wird sich diese mütterliche Ichbezogenheit schon in der Sprache ausdrücken: ›Das Kind will *mir* nicht schlafen, das Kind ißt *mir* nicht.‹

»Eine einzige Instanz wäre imstande abzuhelfen: die Schule. Sie wäre dazu imstande, wenn sie nicht immer mißbraucht würde. Denn bisher war es immer so, daß der, der die Schule in die Hände bekam, aus ihr ein Werkzeug für seine eigenen, meist eitlen, ehrgeizigen Pläne gemacht hat ... Und in die Schule kommt das Kind ohnehin mit dem deutlichen Bewußtsein, daß der Lehrer ein Beamter des Staates ist. Es ist unmöglich, dem Kind ohne nachteilige Folgen für seine seelische Entwicklung eine Autorität aufzuzwingen. Das Autoritätsgefühl darf sich nicht auf eine gewaltsame Einflußnahme gründen, sondern muß auf dem Gemeinschaftsgefühl beruhen.«[19]

»Was für eine eminente Bedeutung die Individualpsychologie für die Erziehung hat, liegt demnach auf der Hand: es handelt sich um nichts mehr und nichts weniger, als von den Erziehern zu verlangen, daß sie vom Piedestal ihrer – selbst wieder psychologisch erklärbaren – Überlegenheit herabsteigen, dem Kinde seine schwierige Situation erleichtern, den Gegensatz klein–groß, unten–oben, unfrei–frei, weiblich–männlich nach Möglichkeit verwischen, durch den Abbau autoritärer Erziehungsmaßnahmen der Entmutigung vorbeugen, durch mitmenschliche Hilfeleistung das schwa-

17 A. Adler, *Heilen und Bilden*, a. a. O., S. 223.
18 A. Adler, *Menschenkenntnis*, a. a. O., S. 245
19 Ebd., S. 247.

che Selbstvertrauen und keimhafte Gemeinschaftsgefühl kräftigen, sich selbst zu ›guten Mitspielern‹ ihrer Zöglinge machen.«[20]

Solche Erzieher aber bietet die Schule oft. »Die Schule ist das Paradefeld der in der Lehrerpersönlichkeit verkörperten Staatsautorität ... Nicht nur daß der Lehrer Gehorsam und Respekt fordert, auf Vertrauen und Dankbarkeit Anspruch zu haben glaubt, er ist auch überzeugt davon, daß ihm das Schönste und Beste gehört, das der Mensch zu geben fähig ist: Liebe. Denn er selbst hat durch eine Art ethischer Rückversicherung seinen Beruf, sein Amt, seinen Überlegenheitsdrang, seine Autoritätsgewalt in der schmeichelnden Selbsttäuschung, die sich Liebe nennt, verankert. Diese Selbsttäuschung mag ihm wertvoll und nützlich sein, denn sie hilft ihm über viele Klippen und Hemmnisse hinweg, aber sie ändert nichts an der Tatsache, daß sein Verhältnis zum Kinde nichts anderes als ein Herrschaftsverhältnis ist. – Der Lehrer selbst ist das Produkt eines solchen Verhältnisses. Aus kleinbürgerlichem Milieu hervorgegangen, für seinen Beruf einseitig und unzulänglich vorgebildet, materiell nur dürftig versorgt, stark mit Minderwertigkeitsgefühlen behaftet, sah er sich eines Tages vor eine Schar Kinder gestellt, die, zu völliger Ohnmacht und Unterordnung verurteilt, erwartungsvoll zu ihm aufblickten. Über ihm die Staatsmacht, der Brotkorb, das Dienstreglement, der Nimbus – vor ihm die glänzende Gelegenheit, sein Minderwertigkeitsgefühl zu kompensieren ...«[21]

Mit großem Elan versuchte Adler, die Lehrer für die Einsichten der Individualpsychologie zu gewinnen und ihnen in Kursen und Vorträgen die pädagogischen Zielsetzungen der Individualpsychologie darzulegen. Diese Zielsetzungen ergaben sich logisch aus seinen Befunden über das menschliche Seelenleben. Sie legten dem Erzieher nahe, sein Überlegenheitsstreben abzubauen und die Entwicklung des Selbstwertgefühls und des Gemeinschaftsgefühls – beide untrennbar miteinander verbunden – als wesentliches Ergebnis pädagogischen Bemühens anzustreben. So wurde denn in den individualpsychologischen Kindergärten, die in Wien unter Adlers Leitung entstanden, nicht im üblichen Sinne gelernt, sondern das Gemeinschaftsgefühl gestärkt und schöpferische Arbeit von den Kindern geleistet. In der individualpsychologischen Versuchsschule wiederum wurden die eigenen Fähigkeiten der Kinder und die Bereitschaft, zusammenzuarbeiten, entwickelt. Die Freiheit aber, die in den von Adler angeregten erzieherischen Institutionen herrschte, bedeutete nicht, daß es keine Regeln gegeben hätte.[22] In jener regellosen ›Freiheit‹, die einer Tyrannei von seiten des Kindes ähnelt, sieht die Individualpsychologie nur die Wider-

[20] Otto Rühle und Alice Rühle, *Am Anderen Ufer*. Dresden 1924–1926.
[21] Ebd.
[22] Madeleine Ganz, *La Psychologie d'Alfred Adler et le development de l'enfant*. Genève 1934.

spiegelung der Unsicherheit der Erwachsenen. Freiheit im Sinne der individualpsychologischen Pädagogik bedeutet tätige Einordnung in die Gemeinschaft. Dies aber ist das Gegenteil von ängstlicher Anpassung an eine unzulängliche Gesellschaft. Erziehung zur Gemeinschaft bedeutet Aufbereitung der Beziehungs- und Kooperationsfähigkeit, tätige Einordnung aber die Handlungsfähigkeit, die darauf ausgeht, daß Gemeinschaft werde.

Sieht es die Individualpsychologie als Aufgabe der Erziehung, die Ermutigung der kindlichen Anstrengungen, Kräfte und Fähigkeiten zu entwickeln, so legt sie doch mehr Gewicht auf ihren negativen Rat, das Kind weder durch zu große Strenge und Anforderungen zu verängstigen, noch durch Verweichlichung zu einem andere unentwegt beanspruchenden, tyrannischen Wesen zu machen. Zuwenig Erziehung scheint ihr immer besser als zuviel. Der Erzieher soll zurücktreten, wenn er dem Kinde die Wege zur Auseinandersetzung mit dem Stoff eröffnet hat.

Das Kind muß ernst genommen werden. »Man muß lernen, ein Kind als einen gleichwertigen Menschen zu behandeln.«[23] Vertrauensvolle Beziehungen sind wichtiger als viele Grundsätze und Prinzipien, die meist nur dem Ehrgeiz des Erziehers dienen. So betonte Adler auch hinsichtlich der sexuellen Erziehung, daß hier, wie in allen anderen Fragen, es besser für das Kind sei, unabhängig zu sein und was es zu lernen wünscht, durch seine eigenen Bemühungen zu lernen. Wünschenswert ist nur, daß ihm keine Lügen erzählt werden, daß es vertrauensvoll zu fragen wagt und die erwartete Antwort erhält. Frühzeitige ›Aufklärung‹ erzeugt häufig bleibende Angst. Ein Kind mit Lebensmut kann auch die Aufklärung durch Spielgefährten und Pornographie verarbeiten, ohne Schaden zu leiden.

Wird vom Erzieher den Fragen des Essens und der Verdauung beim Kinde zuviel Gewicht beigelegt, so wird das Kind diese natürlichen Vorgänge unter Umständen als Waffe gegen seine Umwelt benutzen; und ebenso verhält es sich mit den sexuellen Funktionen, die dann nicht selten als Mittel des Protests gegen die Erwachsenen in Dienst genommen werden.

Schwererziehbarkeit geht fast nie vom Kinde aus, sondern von Erziehern, die mit ihren eigenen Problemen nicht fertig geworden sind. Erzieher, die sich von Kindern unterdrücken lassen und solche, die Kinder unterdrücken, sind die wesentliche Ursache aller Schwererziehbarkeit. Verhätschelte Kinder werden immer eine Rolle spielen wollen, ihrem Ehrgeiz frönen müssen und alles verlangen und nichts geben. Dem mit seiner Sehnsucht nach Liebe allein gelassenen Kind aber bleibt nur der Weg zur Eigenliebe und zum Ressentiment gegen alle Welt. Lieblingskinder und Aschenbrödel sind gleichermaßen gefährdet.

[23] Alfred Adler, *Schwer erziehbare Kinder*. Dresden 1927, S. 39.

Wer schwererziehbaren Kindern voraussagt, daß sie schlecht enden werden, weist sie damit auf den Weg zu solchem Ende. Auf den drohenden Ruf: ›Du wirst noch ein Verbrecher‹, antwortet das Kind schließlich in seinem Trotz wie Shakespeares Richard III.: »So bin ich denn gewillt, ein Bösewicht zu werden.« Wer fehlerhaftes Verhalten auf Vererbung, Dummheit auf Veranlagung zurückführt, versperrt sich den Weg zum erzieherischen Erfolg und nimmt dem Kind den Anreiz zur Selbstkorrektur. Da es aber keine das Leben bestimmende Veranlagung gibt, ist der Weg zur Selbsterziehung offen. Selbsterziehung ist daher auch die Hauptidee der individualpsychologischen Heilungs- und Bildungsmethode.

Die Individualpsychologie will nicht reine Wissenschaft oder ein den Fachleuten vorbehaltenes Instrument sein. Sie will vielmehr als wissenschaftliche Menschenkenntnis vor allem Mittel zur Selbsterkenntnis sein. Ihrem ganzen Aufbau nach ist sie dazu angetan, von jedermann verstanden zu werden.

Die Charakterkunde der Individualpsychologie führt weg von der statischen Auffassung, daß der Mensch Produkt gegebener Anlagen sei, und hilft so, sein ›schlechtes Gewissen‹ über seine Charakterzüge zu erregen. Sein frühkindliches Schicksal haftet dem Menschen zwar an als etwas, dem er ebensowenig entrinnen kann wie die Gesellschaft ihrer Geschichte. Aber ebensowenig, wie die Geschichte der Gesellschaft zum Stillstand kommt, ist die Geschichte des Menschen mit seiner Gestaltung in der Kindheit abgeschlossen. Die Psychotherapie mußte zunächst die Möglichkeiten der Selbsterziehung unterschätzen, weil es eine Eigenschaft des neurotischen Charakters – mit dem die Therapie es ja zu tun hat – ist, besonders starr zu sein, sich an eingeübte Reaktionsweisen zu klammern, immer wieder dieselben Erlebnisse zu ›machen‹ und in Analogien der Kindheit zu denken. Die Weiterentwicklung des Charakters aber ist in dem Sinne zu verstehen, daß alle Gegenwart die Vergangenheit wohl in sich enthält, nicht aber mit dieser identisch ist. Die Entstehung des Charakters in der frühen Kindheit bringt zwar mit sich, daß der Mensch jedem neuen Erlebnis bereits mit einer bestimmten Art zu reagieren gegenübertritt und es daher schon in seiner Weise transformiert und aufnimmt. Neue Erlebnisse sind aber, insbesondere dann, wenn sie das Individuum in eine ungewohnte Situation bringen, nicht immer ohne Einfluß auf den Charakter. Vor allem dann nicht, wenn sie im Menschen eine Krise hervorrufen. Es mag sein, daß erst in solcher Krise die von der Individualpsychologie vermittelte Einsicht möglich wird. Jetzt erst wird sie zu einem das Ich erschütternden Erlebnis.

In solchen Situationen mag die Einsicht, daß der Mensch mehr kann, als er zu können glaubt, hilfreich sein. Vor allem kann die aus den individualpsychologischen Befunden gezogene Erkenntnis, daß jedes Menschen Fähigkeit zur Verantwortung entwickelt werden kann, das Verantwortungsbewußtsein stärken.

Im Grunde ist doch die individualpsychologische Therapie und Pädagogik, auch in den Händen von Therapeuten und Erziehern, nur eine Anleitung zur Selbsterziehung, und so ist auch die gesamte Theorie als Anleitung zur Selbsterziehung gedacht und in aller Hände gegeben.

Mensch und Gesellschaft

a) *Der Lebensstil der Epoche*

Die Individualpsychologie geht davon aus, daß die Menschen durch ein dynamisches Bezugssystem miteinander verbunden sind und daß das Individuum immer nur als Teil eines konkreten gesellschaftlichen Ganzen verstanden werden kann. Als solcher spiegelt es dieses Ganze wider, und all seine seelischen Funktionen tragen, wie Adler es ausdrückte, den Einschlag eines gesellschaftlichen Lebens in sich.[1] Andererseits macht das Individuum seine eigenen Zwecke und Ziele der Gesellschaft gegenüber geltend.

Ihre unmittelbaren Beobachtungen lenkte die Individualpsychologie zunächst auf die Familiensituation des Individuums als der konkreten Basis seines Lebensstils. Sie verkannte dabei keinesfalls, daß die Familie auch nur ein Teil des umfassenden gesellschaftlichen Ganzen ist. Dies schon insofern, als jede Familie von den sie direkt betreffenden sozialen Faktoren – Klasse, Stand, Beruf usw. – geprägt ist, aber auch weil das gesellschaftliche Dasein allgemein auf sie einwirkt. Es gibt einen Lebensstil der Epoche, der auf die Gestaltung des individuellen Lebensstils durch unzählige Kanäle Einfluß nimmt – und durch ihn reflektiert wird, so daß sich wiederum aus den vielen individuellen Lebensstilen ein durchschnittlicher Stil der Epoche ergibt.

Es gibt Charaktereigenschaften, die in einer bestimmten Epoche besonders hervortreten und für sie kennzeichnend sind. ›Epoche‹ kann jedoch sehr verschiedenes bedeuten; der Begriff kann auf einen relativ kurzen Zeitraum bezogen sein, z. B., wenn wir von ›unserer Epoche‹ sprechen, d. h. derjenigen, in der wir leben; er kann sich aber auch auf eine lange geschichtliche Periode beziehen. So hat Adler immer wieder darauf hingewiesen, daß die Verabsolutierung heutiger männlicher und weiblicher Eigenschaften und die Höherwertung des Männlichen (Ursachen dauernder Spannungen im psychischen Haushalt) der Epoche des Patriarchats entstammen, das auf die Zeit des Mutterrechtes folgte, eine Entwicklung, die zugleich Privateigentum und Erbrecht hervorbrachte; beide wurden insofern zur Grundlage der männlichen Vormachtstellung ausgebaut, als in der Regel der Mann zum erwerbenden und besitzenden Teil wurde.[2]

Mit der Entwicklung der kapitalistischen Erwerbsweise und

[1] A. Adler, *Menschenkenntnis*, a. a. O., S. 36–42.
[2] Ebd., S. 117.

Wirtschaftsordnung und der Auflösung der gemeinwirtschaftlichen Bindungen wurde durch Vereinzelung und Besitzlosigkeit Unsicherheit und Minderwertigkeitsgefühl in breitem Umfang zu einer gesellschaftlichen Erscheinung. Dies um so mehr als die dazugehörige Moral jeden zu seines Glückes Schmied stempelte und Mißerfolg zur Schuld machte. Mit dem kapitalistischen Eigentumsbegriff wurde andererseits dem, was Adler ›private Intelligenz‹ nannte, eine Rechtfertigung gegenüber der Logik des menschlichen Zusammenlebens zuteil.

Auf den unlösbaren Zusammenhang zwischen dem Psychischen und dem Gesellschaftlichen hat schon in den Anfängen der Entwicklung der individualpsychologischen Einsichten Carl Furtmüller hingewiesen, indem er hervorhob, daß das, was die innerpsychischen Spannungen vermindert, auch anti-soziale Tendenzen vermindert, daß diese Spannungen aber vergrößert werden durch unsere gegenwärtige soziale und wirtschaftliche Ordnung mit ihrem extremen Wettbewerb und ihren großen Unterschieden.[3]

In der industriellen Erwerbsgesellschaft ist die Kategorie des Habens gegenüber der des Tuns immer bedeutsamer und damit das Haben immer mehr zum Maßstab des Seins geworden. Die sachlichen Ziele des Tuns treten hinter die personalen der seelischen und wirtschaftlichen Plusmacherei zurück. Geltungsstreben und Entwertungstendenzen, wie sehr sie auch in Adlers Sicht unter dem Aspekt der Ewigkeit mit der Logik des menschlichen Zusammenlebens in Konflikt stehen, führen zu Erfolgen. In der Kritik des Erfolges[4] ist zu Recht darauf hingewiesen worden, daß Erfolg vielfach davon abhängt, daß eine möglichst günstige Meinung über die eigene Person beziehungsweise eine möglichst ungünstige hinsichtlich aller, die als Konkurrenten in Betracht kommen könnten, erzeugt wird. Erscheint Leistung als positive Überwindung des Unzulänglichkeitsgefühls, so kann von einer positiven Korrelation zwischen der leistungstüchtigen und der erfolgstüchtigen Einstellung keine Rede sein. »Mit der leistungstüchtigen Einstellung als einer charakterologischen Haltung pflegt nämlich ... eine Reihe von Eigenschaften sehr häufig verbunden zu sein, die das Aufkommen eines erfolgstüchtigen Verhaltens vorweg unmöglich machen: eine erhöhte Sensitivität, die der Brutalität des Erfolgsstrebens aus dem Wege geht, ein Stolz, der es verschmäht, marktschreierisch die eigene Leistung anzupreisen ...«[4]

Hängt die Realisierung des Selbstwertgefühls und damit die seelische Gesundheit von kooperativem Verhalten ab, so entsteht in einer Gesellschaft, in der persönliche Sicherung weitgehend

[3] Carl Furtmüller, *Psychoanalyse und Ethik*. München 1912 (Nr. 1 der Schriften des Vereins für freie psychoanalytische Forschung).
[4] Gustav Ichheiser, *Kritik des Erfolges*. Leipzig 1930.

in materiellem Gewinn und Erhöhung des Status gesucht wird, ein Bezugssystem der Gegenspieler.

Schließlich ist die ganze moderne Gesellschaft von einem Netz autoritär-subalterner Verhältnisse umspannt. Zwischenmenschliche Beziehungen stellen sich nur noch als ein Oben und Unten dar. Die Dressur dafür beginnt in der Kindheit. Die Erziehung reproduziert das in der Gesellschaft vorherrschende Bezugssystem. Wird das Obensein stets mit nervösem Geltungsanspruch verteidigt, so wird für das Untensein irgendwo ein Ausgleich gesucht. Je mehr das gesellschaftliche Autoritätsverhältnis als gültig anerkannt wird, desto stärker wird das Streben, irgendwo auch Autorität zu sein, und sei es nur im Verhältnis des Mannes zur Frau oder der Eltern zu den Kindern. »Die feigsten, widerstandsunfähigsten Menschen werden unerbittlich, sobald sie die absolute elterliche Autorität geltend machen können. Der Mißbrauch derselben ist gleichsam ein roher Ersatz für viele Unterwürfigkeit und Abhängigkeit, denen sie sich in der bürgerlichen Gesellschaft mit oder wider Willen unterwerfen.«[5]

In der heutigen Erwerbsarbeit kann der Mensch meist kein Selbstwertgefühl aufbauen. Organisation und Apparat erheben sich über ihn, er wird auswechselbar, belanglos. Die Masse der im Produktionsprozeß Tätigen ist in allem Objekt. Alle Verantwortung liegt ›oben‹ oder in Vorschriften. Indem das Selbstwertgefühl nicht mehr aus dem Tun hervorgeht, wird alle Befriedigung im Konsum gesucht. Auch die Sexualität wird zum kompensatorischen Konsum und erlaubt die Verbreitung eines zur Ideologie herabgesunkenen Pseudo-Freudismus. Aus der Ichhaftigkeit der Partner, aus der Umfinalisierung der Sexualität in ein Mittel des Überlegenheitsstrebens und der Bestätigung des Selbstwertes, ergeben sich zunehmend Potenzstörungen.

Wo das Selbstwertgefühl nicht aus schöpferischer Arbeit bezogen werden kann, sucht es in allen Richtungen nach Ersatz. Der nervöse Charakter, der dem Lebensstil unserer Epoche entspringt, setzt die Scheinleistung an die Stelle der tatsächlichen Leistung.

Der Lebensstil unserer Epoche kann sich in der menschlichen Verhaltensweise aktiv oder passiv auswirken. »Die aktive Haltung ergibt den Draufgänger, die passive den Drückeberger. Beiden gemeinsam sind bestimmte Merkmale der übersteigerten Ichhaftigkeit, die sich – je nachdem – direkt oder indirekt, positiv oder negativ äußern. Künkel hat diese Merkmale registriert. Fürs erste sind beide Typen gekennzeichnet durch die Angst. Die Angst treibt sie in die Flucht. Den Draufgänger nach vorn: in die Tollkühnheit, den Rekord, den Protest, die Revolte. Den Drückeberger nach hinten: in die Masse, die Unterordnung, den Verzicht, die

[5] Karl Marx in: *Marx-Engels Gesamtausgabe*, Berlin 1932, 1. Abt. Bd. 3, S. 391–407.

Selbstaufgabe. Sodann sind beide äußerst reizbar. Entweder rasch entflammt, leicht enthusiasmiert, unbeherrscht in den Affekten oder aber tief deprimiert, voller Pessimismus, in Melancholie versunken. Infolgedessen sehen beide ihre Umwelt durch eine tendenziöse Brille. An ihrer schiefen, einseitigen Betrachtung halten sie, allen Belehrungen, Gegenbeweisen und Überführungen zum Trotz, mit unbezwingbarer Starrheit fest. Diese Starrheit ist das vierte Merkmal. Daraus ergibt sich im Charakterbild als fünftes Kennzeichen eine typisch negative Produktivität. Geräuschvolle Aktivität ohne sachlichen Ertrag ... Naturen, die auf Steigerung ihres Selbstwertgefühls, auf Befriedigung ihres Ehrgeizes, auf Herrschaft und Glanz ausgehen, kommen in der Führerrolle vornehmlich auf ihre Rechnung ... Weil sie durch Leistung im Sinne sozialer Nützlichkeit das Ziel ihrer Erhöhung nicht erreichen können, reißen sie mit dem Schein der Leistung die Führerrolle an sich ... Drückeberger suchen ihr Heil im Unterschlupf, in der Geborgenheit, im Untertauchen in die schützenden Fluten der Mehrheit. Vereinzelt ein Nichts, ein wertloses Sandkorn in der Wüste des Lebens, schließen sie sich einer Gruppe, einem Verband, einer Partei an – und sofort sind sie, ohne eigenes weiteres Zutun, ein Etwas ... Der sonst eine Null ist, wird plötzlich Teil eines Kollektivums. Der sonst nur die Faust in der Tasche ballte, wird mit einem Mal zum Kämpfer ... Damit ist freilich das Lebensprinzip der Epoche: das Streben nach persönlicher Leistung, persönlichem Erfolg, schlechthin ad absurdum geführt ...

Führen und Geführtwerden kann zu Lebensäußerungen gehören, die sich auf dem Hauptkriegsschauplatz des Daseins abspielen. Etwa in der Wirtschaft, im Staatsleben, in der Politik. Sie können aber auch zu Verhaltensweisen werden, die – als neurotische Manipulationen – der Plattform eines Nebenkriegsschauplatzes bedürfen ... Vereinsmeierei hat im Geltungsbedürfnis der zu kurz Gekommenen fast durchweg ihre psychologische Wurzel ...

Diese Art, Geltungsbedürfnisse durch Scheinleistungen zu befriedigen, weist trotz aller Abwegigkeit zwei Momente auf, die es verhindern, daß sich der Mensch im Irrtum seines Verhaltens völlig in die Neurose verliert. Das ist sein Kontakt mit Mitmenschen und seine Konkurrenz mit Mitbewerbern. Wo diese Momente fortfallen, verliert der Mensch die letzten Bindungen an die soziale Umwelt. Es bleibt dann nur der Neurotiker übrig, der sich ganz isoliert ... zum Sonderling wird und auf mehr oder weniger närrische Weise seine Erhöhung sucht. Vielleicht vergräbt er sich in das Problem einer Erfindung. Oder er feiert monomanische Orgien in der Propaganda einer Welterlösungsidee. Oder er schwelgt in der Genugtuung eines heimlichen Wohltäters. Da sein Rückzug aus der Welt auch die Aufhebung der Sexualpartnerschaft einschließt, ersetzt er den Liebesverkehr durch Perversionen ...

Indem der Neurotiker das Ich als gestaltendes Prinzip der bürgerlichen Gesellschaft wortwörtlich nimmt und in der absoluten Ichhaftigkeit seiner Lebenshaltung konkretisiert, hebt er sich aus allen lebendigen Zusammenhängen heraus, löst er sich ab von der Gesellschaft. Damit macht er die Fortsetzung seines Lebens unmöglich. Mit seinem Untergange demonstriert er der Ichwelt, daß die Ichhaftigkeit, konsequent durchgeführt, eine lebensvernichtende Maxime ist.«[6]

Der in der Masse isoliert lebende Mensch der modernen Industriegesellschaft aber bedarf der ständigen Lenkung, Leitung, Regulierung und Manipulierung durch bürokratische Apparate. So fühlt er sich ständig von Bürokratie bevormundet. »Die Klage über die Bürokratie entspringt dem Angstgefühl gegenüber der großen Anonymität, durch die diese Leitung und Regulierung erfolgt, entspringt dem Erschrecken vor der Undurchsichtigkeit der machtvollen Apparate, die in den Massenstaaten und Massenorganisationen vorherrschen. Das Wirken dieser Apparate wird dem Individuum immer weniger begreiflich trotz allgemeiner Schulung, steigender Druckpapierverwertung und Ätherwellennutzung. Der Einfluß des Individuums auf den Ablauf des gesellschaftlichen Geschehens ist geringer denn je, weil die Mittel, seine Willensäußerung geltend zu machen, fehlen. In der Klage über die Bürokratie drückt sich die Entfernung des Menschen von seiner eigenen Welt aus.

Derselbe Mund aber, der sich beklagt, ruft nach der Bürokratie, ruft nach der regelnden Zentrale, nach der ordnenden Verwaltung, nach dem schützenden Apparat. Der moderne Mensch braucht das Büro, an das er sich wenden kann. Spontane Selbsthilfe ist ihm fremd geworden. Maßnahmen der gegenseitigen Hilfe werden seltener, man verläßt sich auf die Büros, die zuständig sind.

Das wahre Thema der Zeit ist das eines Hexenkreises, in dem eine aufgelöste Gesellschaft alle Funktionen in Zentralen akkumuliert. Zentralisierung der Funktionen und Akkumulation von Macht sind der eine Pol, Isolierung und Ohnmacht der Individuen der andere Pol dieses Hexenkreises.«[7]

Das in der Kindheit erworbene Minderwertigkeitsgefühl wird von diesem Bewußtsein der Ohnmacht noch vertieft, es frißt sich ein und drängt auf den Weg kompensatorischen Überlegenheitsstrebens aktiver oder passiver Art. Massen untereinander isolierter Individuen leben in dieser Welt nur dem Zweck ureigenster Selbstbefriedigung.

[6] Carl Steuermann (Pseud. für Otto Rühle), *Der Mensch auf der Flucht*. Berlin 1932.

[7] Henry Jacoby, *Die Bürokratisierung der Welt*. Neuwied 1969.

b) *Individualpsychologie und Politik*

Theorie und Praxis der Individualpsychologie führen unmittelbar zur Stellungnahme den gesellschaftlichen Problemen gegenüber. Ihre Theorie kann kein seelisches Problem begreifbar machen, ohne seinen Zusammenhang mit den gesellschaftlichen Gegebenheiten klarzustellen. Heilen und Bilden bestehen in der Stärkung des Gemeinschaftsgefühls und in der Mitwirkung am Aufbau von Gemeinschaft. Gemeinschaft aber ist etwas, das über bestehende Beziehungssysteme hinausweist, etwas, das es erst zu verwirklichen gilt. Deshalb schrieb Adler im Vorwort zur dritten Auflage von *Über den nervösen Charakter*: »Die gewonnenen Erkenntnisse belasten uns mit einer Lebensaufgabe: Voranzugehen beim Abbau des Strebens nach Macht und bei der Erziehung zur Gemeinschaft.«

Die große Aktivität, die Adler und seine Mitarbeiter entfalteten, um erzieherische Institutionen zu beeinflussen und ins Leben zu rufen – Lehrerschulung, Erziehungsberatungen, Kindergärten etc. –, war Praxis im Sinne dieses ›Vorangehens‹. In der individualpsychologischen Bildung der Lehrer sah Adler eine der Möglichkeiten, auf die Schule als wesentlichste Erziehungsstelle einzuwirken. Er war sich – wie zuvor angeführt worden ist – des autoritären Charakters des Schulsystems durchaus bewußt. Eine Haltung aber, die auf Überwindung dieses Charakters aus ist, hat eine eminent politische Zielsetzung, da die Schule ja ein wichtiges Gebilde des Staates ist.

Adler warf deshalb auch die Frage auf, wie die etwa in einem sozialistischen Zeitalter eintretende Veränderung, d. h. das Sinken der Autorität, Erziehung und Schule verändern würde.[8]

Die innere Logik des individualpsychologischen Gedankengebäudes – ihre Zielrichtung auf Abbau von Oben und Unten und ihre Ausrichtung auf die Gleichstellung von Menschen – führt unvermeidlich zur Ablehnung autoritärer Regierungsformen, nationaler und rassischer Überheblichkeit und sozialer Ungleichheit.

Der Einwand, daß Wissenschaft wertfrei sein soll, ist nicht ausgeblieben. Dabei wurde jedoch übersehen, daß die Befunde der Individualpsychologie zwar solcher Wissenschaft entspringen, daß aber die gewonnenen Erkenntnisse in bezug auf das gesellschaftliche Dasein nicht wertfrei sind. Fritz Künkel hat deshalb betont, daß es keinen Grund gibt, zu erschrecken, »wenn aus der Charakterforschung etwas hervorgeht, was einem Kulturprogramm ähnlich sieht. Man erschrickt ja auch nicht, wenn sich aus der medizinischen Forschung ein hygienisches Programm ergibt.«[9]

[8] A. Adler, *Über den nervösen Charakter*, a. a. O., S. 221, Fußnote.

[9] Fritz Künkel, *Vitale Dialektik*. Leipzig 1929.

Die Prinzipien der Bewußtmachung und Ermutigung enthalten die Aufforderung zum gesellschaftlichen Bewußtsein und die Entlarvung der Flucht ins Private. Die Auffassung der Individualpsychologie, daß nämlich die Hinwendung zum ›Mitmachen‹ zur seelischen Gesundung gehöre, enthält kein parteipolitisches Programm. Unter denen, die aktiv an der Entwicklung und Anwendung der Individualpsychologie teilnahmen, fanden sich solche, die in ihren politischen Vorstellungen vom Protestantismus (Künkel), vom Katholizismus (Allers) oder vom Sozialismus (Otto und Alice Rühle, Manès Sperber) beeinflußt waren.

Der politische Beitrag der Individualpsychologie ist eher grundsätzlicher Art: Ihre Ablehnung jeglichen Machtstrebens verlangt eine kritische Haltung gegenüber den Machtproblemen in allen gesellschaftlichen Bereichen. So schrieb Adler 1918 in einem Aufsatz ›Bolschewismus und Seelenkunde‹ ausgehend von dem Standpunkt »Der Kampf um die Macht hat also eine psychologische Seite«:

»Das Denken, Fühlen und Wollen des gegenwärtigen Menschen ist in erster Linie durch sein Streben nach persönlicher Überlegenheit bestimmt, auch dort, wo er glaubt, höheren Idealen zu dienen. Gegen sein Verlangen nach Macht, das aus dem Schwächegefühl der Kindheit emporwächst, um dieses Schwächegefühl erträglicher zu machen, streitet die Erfahrung von der überragenden Notwendigkeit der Gemeinschaftsbestrebungen. Der gegenwärtige Stand unserer Kultur und unserer Einsicht erlaubt noch dem Machtprinzip, sich heimlich unter Ausnützung des Gemeinschaftsgefühls durchzusetzen. Ein offener, gradliniger Einbruch der Gewalt ist unbeliebt und derzeit schon unsicher. Oft geschieht die Vergewaltigung unter Berufung auf Recht, auf Sitte, auf Freiheit, auf das Wohl der Unterdrückten, im Namen der Kultur. Die Resultate enttäuschen beide Teile. Es quillt kein Segen aus dem Gebrauch der Macht. Im Völkerleben schafft die Machtpolitik dem Mächtigen Anhänger, die eigentlich seine Gegner sind, die nur der Machtrausch anlockt. Und er findet Gegner, die seine Anhänger wären, wenn sie nicht dem automatischen Widerspruch verfallen wären. Der von der Macht ausgeschlossene aber lauert auf die Revolte und ist jedem Argument zugänglich.«[10]

Von dieser Sicht aus folgt seine politische Stellungnahme:

»Die Herrschaft der Bolschewiki ist wie die aller bisherigen Regierungen auf den Besitz der Macht gegründet. Damit ist ihr Schicksal gesprochen. Wir wissen, daß diese Partei wie die ihr Gleichgesinnten Ziele verfolgt, die auch die unseren sind. Aber der Machtrausch hat sie verlockt. Nun kommt automatisch in den unvorbereiteten Seelen der Menschheit jener furchtbare Me-

[10] Alfred Adler, ›Bolschewismus und Seelenkunde‹, in: *Internationale Rundschau,* IV, S. 597–600, Zürich 1918.

chanismus in Bewegung, wo Vorstöße mit Gegenstößen der anderen Seite beantwortet werden, unbekümmert um das Ziel der Gemeinschaft, nur weil der beiderseitige Wille zur Macht bedrängt wird. Gründe, die billig wie Brombeeren sind, dienen zur Rechtfertigung von Aktion und Reaktion. Schön wird häßlich, häßlich schön. Gewiß, die Lügen über den Bolschewismus sind unerhört. Aber nicht einmal sie kann er abwehren, weil sie immer wieder aufs neue im Kampf um die Macht erzeugt werden. Schon schickten sich andere an, unter einer Flut von Sittensprüchen ihren Kampf gegen den Bolschewismus zu einer Eroberung und Unterwerfung Europas auszudehnen. Die Bolschewiken müssen mit neuer Verstärkung ihrer Machtposition antworten. Wer noch nicht dem Machtrausch erlegen ist, halte sich an die Frage, ob je auf diesem Wege die Einigung der Menschheit, die Stärkung des Gemeinschaftsgefühls zu erwarten ist.

Wir sehen ehemalige Freunde, alte, wackere Weggenossen in schwindliger Höhe. Verführt vom Machttrieb, wecken sie allenthalben das Verlangen nach Gewalt. Hier gibt es keinen Abbau, nur weitere Steigerung, wie immer, wenn die Macht das entscheidende Wort sprechen soll ...«[10a]

Auf denselben Zusammenhang von Psychologie und Politik verwies Adler zehn Jahre später noch einmal in einer mehr allgemeinen Darlegung seiner Anschauung in seinem Aufsatz ›Psychologie der Macht‹.[11]

Im Bereich der Politik kann die Individualpsychologie nur Erziehungs- und Entlarvungsmethode sein, mit dem Ziel, soziale Bestrebungen vor den Tendenzen der Ichhaftigkeit zu schützen. Da die individualpsychologische Bewußtmachung auf die Herstellung eines gesellschaftlichen Bewußtseins abzielt, verlangt sie zunächst einmal vom Individuum, daß es sich der eigenen Rolle bewußt wird.

Einer der frühen Mitarbeiter Adlers hat die Aufgabe der Individualpsychologie in der Entwicklung des politischen Bewußtseins wie folgt dargestellt: »Dieses politische Bewußtsein kann jedoch nicht verstanden werden als Funktion des Verstandes, als welches es völlig wertlos sein kann, weil es eine Eingebung der Feigheit sein könnte, sondern als Funktion des allgemeinen Lebensmutes. Innerhalb einer politisch gespaltenen Gesellschaft muß sich der individualpsychologische Erzieher jeder unmittelbaren politischen Beeinflussung des Verstandes (der ›Überzeugung‹ usw.) des Zöglings enthalten und durchaus der allgemeinen Ermutigung des Zöglings sein Hauptaugenmerk zuwenden. Nur von diesem zentralen Gesichtspunkt aus ist auch die Aufgabe der Vermittlung

10a Ebd.

11 Alfred Adler, ›Psychologie der Macht‹, in: Franz Kobler, *Gewalt und Gewaltlosigkeit*. Zürich 1928, S. 41–46.

jener Materialien und Wirklichkeits-(historischen) Erfahrungen zu betrachten, die der Zögling zur Vervollständigung seines Weltbildes und seiner Vorbereitung auf das Leben auch in politischer Beziehung benötigt ...

Die mutigste politische Fassade kann die größte persönliche Feigheit verbergen ... An welcher Stelle seines Lebensplanes steht das politische Interesse eines Individuums?

Ein politisches Bekenntnis ist nur insofern geeignet, die innere Tragfähigkeit und Widerstandskraft der Seele zu erhöhen, als es in verantwortungsvoller Auseinandersetzung mit den Gegebenheiten des menschlichen Gemeinschaftslebens gewonnen und weiterverarbeitet wird ... Wo ... Widerstreben gegen die Wirklichkeit einsetzt, beginnt auch der subjektivistische Mißbrauch ...

Ein theoretisches Programm besagt noch nichts über das, was ein Mensch politisch will oder subjektiv im politischen Jargon ausdrückt. (Es gibt Pazifisten mit der Devise: Wer für den Krieg ist, wird erschossen.) ... Der neurotisch gefährdete Mensch flicht in sein politisches Weltbild notwendigerweise jene Fälschungen ein, die er zur Legitimierung seines Lebensplanes braucht ...

Die Individualpsychologie ist ein Hilfsmittel ... zur Stärkung des politischen Selbstbewußtseins und Verantwortungsgefühls, aber nicht als Anleitung zu irgendeinem konkreten positiven Programm ...

... keine politische Gesinnung (entfaltet) lebendigen Wert, die nicht in der Selbstverantwortung des Individuums verwurzelt ist.«[12]

[12] Otto Kaus, ›Individualpsychologie und Politik‹, in: *Handbuch der Individualpsychologie*. Leipzig 1926. Amsterdam 1966.

Nachwort

a) *Zur Theorie*

In diesem Buch ist die ursprüngliche Theorie der von Alfred Adler begründeten Individualpsychologie und ihre Geschichte dargestellt worden. Individualpsychologische Vereine (resp. Alfred-Adler-Gesellschaften) und deren Zeitschriften gibt es in vielen Ländern.[1] Die Zahl der Therapeuten der individualpsychologischen Schule ist im Zunehmen begriffen, insbesondere in den Vereinigten Staaten, wo noch vor einigen Jahren einem Therapeuten davon abgeraten wurde, sich zu Adler zu bekennen. Vor allem aber sind, wie im Vorwort erwähnt, die wesentlichen Befunde und Deutungen der Adlerschen Lehre heute in die Praxis und Theorie der Psychotherapie, Psychologie und Pädagogik der westlichen Welt (einschließlich der psychoanalytischen Schulen und Richtungen) eingegangen. Dies ist dadurch erleichtert worden, daß Adler seine Deutungen in die Sprache des Alltags gekleidet und von der Verwendung besonderer Wortbildungen lateinisch-griechischer Herkunft oder mit mythischem Inhalt abgesehen hat.[2]

Die individualpsychologischen Begriffe gehören zu einem wissenschaftlichen Weltbild, das sich immer deutlicher herausbildet. In Physik, Biologie, Psychologie und Soziologie hat sich gleichermaßen das Prinzip der Ganzheit als wesentliche Grundlage für das Verstehen der Bewegung von Energie und Leben erwiesen. Überall hat sich die Notwendigkeit gezeigt, die integrierende Tätigkeit des Ganzen – des Systems – als grundlegend zu begreifen; zu sehen, daß die Systemdynamik alle Teile in

[1] Die Deutsche Gesellschaft für Individualpsychologie hat ihre Geschäftsstelle in München 19, Kindermannstr. 7. Internationale Informationen enthält: *Individual Psychology News Letter* 6, Vale Rise, London NW 11.

[2] Es ist der Individualpsychologie oft zum Vorwurf gemacht worden, sie sei zu ›einfach‹ und basiere zu sehr auf dem gesunden Menschenverstand. Freud klagte Adler an, daß er gleich einem skrupellosen Landarzt alle Krankheiten auf denselben Nenner zurückführe. Die Wahrheit ist aber wohl, daß unter der Herrschaft des ›Scientismus‹ niemand gewagt hat, eine Theorie in die Sprache des Alltags zu fassen. Die Geringschätzung des gesunden Menschenverstandes und die Auffassung von der Wissenschaft als Reservat für Eingeweihte erscheint der Individualpsychologie nur als eine Manifestation des Geltungs- und Machtstrebens. Es ist übrigens bezeichnend, daß sich in den deutschsprachigen Ländern für Freuds ›Ich‹ und ›Es‹ zunehmend die im Englischen gebrauchten lateinischen Ausdrücke ›Ego‹ und ›Id‹ eingebürgert haben.

ordnende Schranken setzt und ihnen Richtung gibt.[3] In aller Wissenschaft vom Menschen hat sich die Einsicht durchgesetzt, daß ohne ein übergeordnetes integrierendes Prinzip die Identität und Beständigkeit der Person mit ihren Milliarden von Hirnzellen nicht aufrechterhalten werden könnte. In allen Deutungen des Lebendigen haben die statischen Begriffe hinter dynamische zurücktreten müssen. Für die Psychologie ist die entscheidende Frage nicht, wie der Mensch ist, sondern wie er sich verhält. Und jeder Mensch ist in seinem Verhalten auf das Verhalten anderer bezogen und daran orientiert.

Auf die Einsichten der Individualpsychologie wird eine Psychologie nicht mehr verzichten können, die Menschenkenntnis und Selbsterkenntnis vermitteln will.

Die Aufsplitterung in organisierte ›Schulen‹ ist dem Fortschritt der psychologischen Erkenntnis allerdings kaum förderlich. Diese tendieren eher dahin, terminologische Unterschiede zu pflegen, als neue Einsichten und Synthesen anzustreben. Dabei sind die terminologischen Behelfe der Psychologie keineswegs befriedigend. Selbst dort, wo psychoanalytische Richtungen sich der Individualpsychologie genähert haben, wird diese oft durch andersartige Terminologie verschleiert. Auch die Individualpsychologie hat in ihrer Entwicklung eine deutliche Integration fremder Befunde, wie die der psychoanalytischen Schulen, nicht gerade aktiv betrieben. Die Möglichkeit, daß die individualpsychologische Theorie den Triebwirkungen und unbewußten Äußerungen nicht genügend Aufmerksamkeit gewidmet und die Breite der Bewußtmachung überschätzt hat, bedarf noch des forschenden Überdenkens. (Auf Grenzen des Bewußtwerdens deutet André Gides Einfall, daß der Tausendfüßler nicht gehen könnte, wenn er sich aller seiner Füße bewußt wäre.) Schon 1929 hatte der Individualpsychologe Fritz Künkel die Vereinheitlichung der psychoanalytischen und individualpsychologischen Begriffsbildung als Aufgabe einer neuentstehenden Charakterologie angesehen. Wenn er sich in diesem Zusammenhang dafür aussprach, daß die Ergebnisse der Freudschen Forschung nach Möglichkeit in das individualpsychologische Begriffssystem aufgenommen werden sollten und nicht umgekehrt,[4] so deswegen, weil der Fortschritt der Ganzheitsbetrachtung, den die Individualpsychologie gebracht hat, nicht aufgegeben werden kann.

Dies nicht nur in bezug auf die Totalität der Person, sondern auch in Hinsicht auf die Betrachtung der Person als ein Teil sozialer Bezugssysteme. Doch konnte Alfred Farau schon 1952 in einer Darstellung der Entwicklung der Psychoanalyse in den Vereinigten Staaten schreiben: »Was mir dabei als die stärkste und wichtigste

[3] In den USA wird von einem ›holistic-organismic approach‹ in Gegensatz zu einem ›reductionist-mechanistic approach‹ gesprochen.

[4] Fritz Künkel, *Vitale Dialektik*. Leipzig 1929.

Änderung innerhalb der psychoanalytischen Entwicklung erscheint, ist eine völlige Akzentverschiebung bei Aufrechterhaltung der gewonnenen Grundansichten. Die frühe Psychoanalyse legte alle Bedeutung und Betonung auf das Biologische und Physiologische, die gegenwärtige legt von Jahr zu Jahr immer mehr Gewicht auf soziale und kulturelle Faktoren. Das heißt aber nichts anderes, als daß der Häretiker Adler ... Recht behalten hat.«[5]

Auf dem psychoanalytischen Weltkongreß, der 1970 in Wien das Konzept der Aggression zum Thema hatte, waren dann auch die ›revisionistischen‹ Stimmen zu hören, die darauf hinwiesen, daß ›Aggression‹ im Rahmen der sozialen Lebensbedingungen der Menschen gesehen werden müsse und nicht einfach auf ein ›Es‹ zurückgeführt werden könne. Auch warf Anna Freud, die Tochter Sigmund Freuds, die Frage auf, ob aggressive Ziele nicht aus den Nöten der sozialen Umwelt herzuleiten seien, verwies aber angesichts der widersprüchlichen Definitionen von Aggression, die vorgetragen worden waren, auf die Notwendigkeit weiterer Forschung.

b) *Zur Praxis*

Adlers Wort von unserer ›neurotischen Kultur‹ (mit ihrem schrumpfenden Verantwortungsbewußtsein und ihren starren Apperzeptionsschemata, in denen die Schuld der anderen stets eine große Rolle spielt) hat an Bedeutung nichts verloren. Oberhalb von eingewurzelten Haltungen und Vorurteilen hat sich aber (zumindest in den nunmehr breiten Oberschichten der Industriegesellschaften) seit Adlers Tod eine neue Weltauffassung geformt.

Jede Epoche hat offenbar ein ihrem vorherrschenden Lebensstil gemäßes Apperzeptionsschema, mit dem die Menschen weltanschauliche oder wissenschaftliche Lehren ihren jeweiligen Bedürfnissen entsprechend aufnehmen und herrichten. Zur Zeit des akkumulierenden Kapitals galt die puritanische Haltung als moralische Maxime; in der darauffolgenden Epoche zunehmender Marktkonkurrenz setzte sich der Pseudo-Darwinismus als weltbildprägende Anschauung durch; in den gegenwärtigen reichen Industriegesellschaften entspricht der Konsumkultur ein Pseudo-Freudismus (dem der Moralist Freud sehr fern stand), der auch die Sexualität noch dem Konsumzwang unterwirft, eine Entwicklung, die durch die Furcht vor weltweiten Katastrophen und durch das um sich greifende Empfinden der Sinnlosigkeit menschlicher Existenz verstärkt wird. »Es gibt immer einen Rückgriff auf sexuelle Sinnlichkeit, wenn das Leben inhaltslos erscheint«, fand Adler.[6]

[5] Alfred Farau, *Der Einfluß der österreichischen Tiefenpsychologie auf die amerikanische Psychotherapie der Gegenwart.* Wien 1953, S. 61.
[6] Alfred Adler, *The Science of Living.* New York 1929.

Wie aber der Massentourismus die Stätten des Tourismus zerstört[7], so zerstört die Konsumhaltung das Bemühen um »kostenlosen« ›Lustgewinn‹, die Erotik. Zugleich steigt die Angst vor der Unfähigkeit, diesen Gewinn zu erhaschen. Potenz- und Orgasmusstörungen sind die Kosten, die gezahlt werden müssen. Die hysterischen Erkrankungen, bei deren Behandlung von Charcot bis Freud jene Studien gemacht wurden, die die neue Menschenkenntnis vorbereiteten, sind schon lange in den Hintergrund getreten, aber auch jene Neurosenformen, mit denen Freud und Adler es im ersten Drittel des Jahrhunderts in Wien zu tun hatten, sind heute durch andere, ›zeitgemäßere‹ abgelöst worden. Die Patienten der heutigen Therapeuten leiden an allgemeiner Lebensangst, an der Vorstellung, zu versagen und nicht geliebt zu werden, an Impotenz[8], Ruhelosigkeit, Unlustgefühlen und Gefühlsapathie; damit im Zusammenhang steht schließlich auch die um sich greifende Drogensucht, insbesondere unter Jugendlichen. Dazu Adler: ». . . wir können das Rauschgift-Problem nur verstehen, wenn wir dabei die Bezogenheit des ganzen Individuums zu den mehr oder weniger gleichbleibenden Fragen des Kulturlebens ins Auge fassen . . .«

Was den Süchtigen anlangt, so »ergibt sich der Eindruck, daß er . . . auf ein Problem stößt, dem er auszuweichen sucht«. In der Gruppe der Süchtigen finden wir »diejenigen, die ihre Urform aufgebaut haben in einer Situation großer Verzärtelung, in der sie abhängig waren von anderen Menschen und dadurch Gelegenheit hatten, den anderen von sich abhängig zu machen«.[9]

Die in den Mittelschichten um sich greifende Verzärtelung in der Erziehung, verbunden mit der zunehmenden Unsicherheit über Erziehungsmethoden und deren Ziele, sowie die verlängerte Abhängigkeit der Jugend vom Elternhaus scheinen in der Tat der Süchtigkeit – und nicht nur allein ihr – zugrunde zu liegen.

Die Forderungen der Individualpsychologie nach Bewußtmachung und nach daraus resultierender zielstrebiger Selbsterziehung erhalten gerade in diesem Zusammenhang eine neue dringliche Bedeutung.

[7] Henri Lefebvre, *La vie quotidienne dans le monde moderne.* Paris 1968, S. 196.

[8] Die New Yorker Psychiater Dr. Georg Ginsberg (University School of Medicine), Dr. W. A. Frosch und Dr. Theodore Shapiro (beide Bellevue Hospital) stellten fest, daß sie eine anwachsende Zahl von Fällen von Impotenz junger Männer zur Behandlung bekommen. Sie sehen die Ursache in der zunehmenden sexuellen Freiheit der Frauen und den damit zusammenhängenden größeren Ansprüchen an die männlichen Partner. Früher wäre das durchschnittliche weibliche Verhalten passiver und die Angst, ob man imstande sein werde, eine Frau zu befriedigen, weniger verbreitet gewesen. (*Individual Psychology News Letter*, London, June 1972.) Vgl. hierzu Adlers Auffassung über Impotenz, S. 66ff dieses Buches.

[9] Alfred Adler, ›Rauschgift‹, in: *Fortschritte der Medizin*, Berlin 1931, 49. Jahrgang Nr. 14 und 15.

Gewiß, die aufklärerische und optimistische Haltung Adlers ist einer Menschheit, die Auschwitz und Vietnam erlebt hat, nicht mehr völlig zugänglich. Der Pessimismus über den Menschen, wie ihn Schopenhauer und Freud empfunden haben, erscheint ihr weit mehr gerechtfertigt. Eine Menschheit jedoch, die sich nicht aufgeben will noch kann, wird immer wieder vorgehen müssen, *als ob* sie das Ziel einer neurosefreien Gesellschaft erreichen könnte. Ohne das Streben nach einem solchen Ziel müßte sie schließlich alles Selbstvertrauen und Wertgefühl verlieren. Solche Zielsetzung aber bedarf nicht nur der Adlerschen Theorie der Menschenkenntnis als eines Gutes, das weiterzuentwickeln ist, sondern auch ein gut Teil der optimistischen Haltung, der sie entsprungen ist. Es bedarf der Adlerschen Kategorie des Mutes, damit »das Höchste, was der Mensch besitzen kann, das Selbstbewußtsein seines Wesens, nicht erlösche und untergehe« (Hegel).[10]

[10] Anrede bei Eröffnung von Hegels Vorlesungen in Berlin am 22. Oktober 1818.

Bibliographie

I. Schriften Alfred Adlers zur Begründung der Individualpsychologie:

Studie über Minderwertigkeit von Organen, Berlin–Wien 1907.
Über den nervösen Charakter: Grundzüge einer vergleichenden Individual-Psychologie und Psychotherapie. Wiesbaden 1912. Neuausgabe: Frankfurt a. M. 1972 (Fischer Taschenbuch Bd. 6174).
Heilen und Bilden. (mit C. Furtmüller) München 1914. Neuausgabe: Frankfurt a. M. 1973 (Fischer Taschenbuch Bd. 6220).
Praxis und Theorie der Individualpsychologie. München 1920. Neuausgabe: Frankfurt a. M. 1974 (Fischer Taschenbücher Bde. 6260/6261).
Menschenkenntnis. Leipzig 1927. Neuausgabe: Frankfurt a. M. 1966 (Fischer Taschenbuch Bd. 6080).
Das Problem der Homosexualität. Erotisches Training und erotischer Rückzug. Leipzig 1930.

II. Wesentliche Beiträge zur individualpsychologischen Literatur:

Oliver Brachfeld, *Minderwertigkeitsgefühle.* Stuttgart 1953.
Fritz Künkel, *Einführung in die Charakterkunde.* Leipzig 1932.
Alice Rühle-Gerstel, *Das Frauenproblem der Gegenwart.* Leipzig 1932. Reproduktion mit dem Umschlagtitel: Die Frau und der Kapitalismus. Frankfurt a. M. 1972.
Erwin Wexberg, *Individualpsychologie. Eine systematische Darstellung.* Leipzig 1931.
Handbuch der Individualpsychologie. Leipzig 1926. Reproduktion Amsterdam 1966.

III. Über Alfred Adler:

Manès Sperber, *Alfred Adler oder Das Elend der Psychologie.* Wien–München–Zürich 1970. Frankfurt a. M. 1971 (Fischer Taschenbuch Bd. 6139).
Josef Rattner, *Alfred Adler in Selbstzeugnissen und Bilddokumenten.* Reinbek bei Hamburg 1972 (rowohlts monographien Bd. 189).

Namen- und Sachregister

Abwehrmechanismus 24
Adler, Alexandra 15
Adler, Valentine 16
Aggression 111
Aggressionstrieb 11
Alexander, Franz 10
Allers 106
Ansbacher, Heinz L. 12
Ansbacher, Rowena R. 12
Apperzeptionsschema 60, 63, 66, 90, 111

Begriffsmythologie 37
Bernheim, Hippolyte 18
Bleuler, Eugen 87
Bleuler, Manfred 85
Bolschewismus 106
Breuer, Josef 20
Brod, Max 66

Carus, Carl Gustav 19, 61, 85 ff
Charakter 53 f, 57 f, 65, 81 ff, 98
Charcot, Jean-Martin 18, 20, 30, 112
Chobrak 20
Credner, Lene 75

Dennis, Nigel 13 f, 22
Deutscher, Isaac 27
Dickens, Charles 29
Dostojewski, Fjodor 64
Drogensucht 112

Ehrenstein, Albert 23
Erwachsenenkultur 46
Extraversionstypus 23

Familienegoismus 94
Familientraining 84
Farau, Alfred 110
Federn, Ernst 27
Federn, Paul 20
Ferenczi, Sandor 20
Fetischismus 68
Fiktionen 30, 72, 75
finalistische Methode 29, 31
Fliess, Wilhelm 30
Freud, Anna 111
Freud, Sigmund 9 f, 17 ff, 20 ff, 23 ff, 26, 28 ff, 38, 56, 66, 109, 112 f
Fromm, Erich 10
Fromm-Reichmann, Frieda 11
Frosch, W. A. 112
Furtmüller, Carl 93, 101

Ganz, Madeleine 96
Ganzheitsbetrachtung 36, 110
Gemeinschaftsgefühl 33 f, 50 ff, 76, 90, 95 f, 105
Gide, André 110
Ginsberg, Georg 112
Goethe, Johann Wolfgang von 43, 84
Gruppentherapie 11

Häberlin, Paul 9
Hart, David L. 28. 43
Hauser, Arnold 40
Hegel, Georg Wilhelm Friedrich 19, 36 f, 49, 83, 113
Hirschfeld, Magnus 20
Homosexualität 67
Horkheimer, Max 71

Horney, Karen 11
Hypnose 18

Ichhaftigkeit 28, 88, 90
Ichheiser, Gustav 101
Ichtrieb 10
Ideologie 19, 27, 102
Intelligenz, private 23
Interesse 27, 86ff
Introversionstypus 23

Jacob, François 37f, 82
Janet, Pierre 18, 30
Joffe, Abram Feodorowitsch 26
Jung, Carl Gustav 9, 12, 23, 26, 47, 67

Kardiner, Abraham 11
Kastrationsangst 28
Kaus, Otto 108
kausal-finale Methode 38
Kindheitserinnerungen 28
Klages, Ludwig 53
Köhler, Wolfgang 36
Koffka, Kurt 36
Kompensation 9
Konzept der Kompensation 43
Krafft-Ebing, Richard 20
Kretschmer, Ernst 82f
Kronfeld, Arthur 10, 31
Künkel, Fritz 64, 69, 81, 83, 102, 105f, 110
Kunstgriffe 30

Laing, Ronald D. 11
Lavater, Johann Kaspar 83
Lebensplan 27, 39, 41f, 48, 63, 79, 81, 87, 91, 108
Lebensstil 16, 40, 66, 75, 111
– unserer Epoche 100, 102
Lefebvre, Henri 112
Leitlinie 16, 56f, 61f, 72, 78, 91
Lewin, Kurt 36
Lichtenberg, Georg Christoph 60
Logik des menschlichen Zusammenlebens 49, 65, 88
Lorenz, Konrad 11

Machtstreben 12, 16
Männerkultur 66
männlicher Protest 28, 57, 67, 92
Magnetismus 18
Marx, Karl 19f, 26f, 43, 102
Marxismus 22, 26
Masochismus 68
Maupassant, Henri-René-Albert-Guy de 20
Menschenkenntnis 10, 49, 98, 113
Mesmer, Franz Anton 18
Minderwertigkeitsgefühl 9, 12, 18, 34, 47f, 50, 55, 57, 61f, 65, 71, 77, 89f, 92, 96, 101, 104
Minderwertigkeit von Organen 41
Moreau, J. 71
Mullahy, Patrick 11
Murphy, Gardner 10
Mut zur Unvollkommenheit 90

Naegele, Otto 78
Narzißmus 28
Naturgesetz 27
Neo-Freudianer 10
Newman, H. H. 85
Nietzsche, Friedrich 20, 60, 64, 67
Novalis 19

Ödipuskomplex 56
Organdialekt 61
Organminderwertigkeit 9, 22, 44, 55, 80, 84
Organsprache 70

Penis-Neid 28
Pestalozzi, Johann Heinrich 92
›Philosophie des Als-Ob‹ 30
Prinzip der Ganzheit 109
private Intelligenz 23
private Vernunft 71, 73 f, 90
Programmierung 39
Pseudo-Freudismus 29, 102, 111
Psychoanalyse 10, 17, 26, 29 f
Psychosomatik 11

Rank, Otto 29
Rattner, Josef 12
Roux, Wilhelm 41
Rühle, Otto 67, 78, 96, 104, 106
Rühle-Gerstel, Alice 14, 67, 89, 96, 106

Sacher-Masoch, Leopold 20
Sachlichkeit 28
Sadismus 68
Sartre, Jean-Paul 11
Scherner, Karl Albrecht 21
Schnitzler, Arthur 20
Schöpferkraft 35
– des Kindes 34
Schopenhauer, Arthur 19 f, 67, 113
Schraml, Walter I. 9
Schülerselbstmord 23
Schultz-Hencke, Harald 11
Schwererziehbarkeit 97
Selbstwertgefühl 47 f, 50, 69, 74, 78, 88, 90, 96, 101 ff
Selye, Hans 44
›sentiment d'incomplétude‹ 18
Sexualtheorie 24 f
Shapiro, Theodore 112
Sicherung 28, 46
Sicherungsbedürfnis 50
Sperber, Manès 12, 14, 106
Spitz, René 49
Steiner, Gustav 26
Stekel, Wilhelm 20
Stendhal, Marie-Henri 18, 56
Stern, William 36
Streben nach Vollkommenheit 34
Strindberg, Johan August 67
Sublimierung 28
Sullivan, Harry Stack 11
Systemdynamiker 109

Tiefenpsychologie 19, 87
Tocqueville, Alexis de 21
Todestrieb 11
Totalität 10, 50
Toynbee, Arnold J. 44
Träume 21, 60, 91
Trotzki, Lew Dawidowitsch 26

Überkompensation 9, 28
Unbewußte, das 19, 85 ff, 88

Vaihinger, Hans 30 f
Veranlagung 80 f, 85, 98
Verdrängung 24, 28, 91
Vollkommenheit 35

Wagner-Jauregg, Julius von 16
Wandeler, Josef 31
Weber, Max 10
Wedekind, Frank 20
Weininger, Otto 67
Weismann, August 41
Wertheimer, Max 36
Wexberg, Erwin 66, 78
Wittels, Fritz 11
Wolf, Käte 49
Wundt, Wilhelm 36
Wunscherfüllung 14